基于语义的分布式服务与资源发现

张　莹　张　昕　何　慧　著

科　学　出　版　社
北　京

内容简介

本书围绕互联网中服务与资源之间的联系，构建了服务与资源的统一描述方法，提出了基于语义的分布式服务与资源一体化发现原型系统及相应的一体化注册与发现方法，在其中基于服务描述文件将QoS等级信息的服务查询引入服务查询过程中，配合带有QoS信息的服务匹配算法，从而为互联网用户提供了更为便利、一体的服务与资源处理机制。本书阐述的内容为一体化可信网络与普适服务体系提供了服务与资源的统一描述与命名解决方案，以及从用户描述到服务表示的映射过程，以此为基础，为实现一体化搜索引擎提供了可行性。

本书所述内容线索明确，结构合理，主要面向从事互联网技术、知识工程、服务工程、语义网、知识图谱等方向的科研人员，为其在相关研究工作中提供研究思路、补充研究内容、启发研究方法，同时也可作为计算机相关专业硕博研究生的参考资料。

图书在版编目(CIP)数据

基于语义的分布式服务与资源发现/张莹，张昕，何慧著. —北京：科学出版社，2019.3

ISBN 978-7-03-060623-5

Ⅰ. ①基… Ⅱ. ①张… ②张… ③何… Ⅲ. ①网络服务-分布式数据处理-研究 Ⅳ. ①TP274

中国版本图书馆CIP数据核字(2019)第034992号

责任编辑：闫 悦 / 责任校对：张凤琴
责任印制：吴兆东 / 封面设计：迷底书装

科学出版社出版
北京东黄城根北街16号
邮政编码：100717
http://www.sciencep.com
北京凌奇印刷有限责任公司印刷
科学出版社发行 各地新华书店经销
*
2019年3月第 一 版 开本：720×1000 1/16
2019年3月第一次印刷 印张：7 1/4
字数：136 000

POD定价： 58.00元
(如有印装质量问题，我社负责调换)

前　言

近年来，随着互联网的高速发展和广泛应用，其已逐渐成为人们在工作和生活中获得服务和资源的重要来源。面对互联网中的海量信息，从中选择能够真正转化为生产力的知识变得愈发困难。相应地，用户使用互联网时的需求焦点由早期对获得信息和资源的渴求，逐渐转变为对大量服务和资源的筛选，并以相对较低的行动成本实现对服务和资源的转化应用。鉴于此，本书面向新一代一体化网络中服务与资源并存的现实条件，提出服务与资源的一体化发现方法，着力解决数据移动性、多样性、融合性等问题，实现高效、准确、适用的服务与资源发现。本书主要研究内容与创新点如下。

(1)针对互联网的服务与资源查找，提出以本体为基础，将资源和服务通过属性关系联系起来的统一描述方法。

(2)基于 OWL-S 提出了带有 QoS 的语义服务描述方式，给出了带有 QoS 的服务匹配算法及其功能与性能测试，测试结果验证了带有 QoS 的服务描述与查询方法具有可行性和有效性。

(3)研究了现有服务或资源发现系统中基于关键词进行查询匹配所存在的问题，基于概念间的距离及概念的粒度提出了一种概念间语义相似度的计算方法，设计并实现了基于语义的服务与资源一体化发现原型系统。基于原型系统，给出了服务与资源一体化匹配算法，实现了服务与资源的统一注册与查询。原型系统的性能分析及测试结果表明该方案在查询效率、查准率及用户满意度方面均表现出明显的改进。

(4)提出将服务与资源的一体化描述方法应用于新一代网络——一体化网络中，实现了服务标识 SID 的生成。提出将服务与资源一体化发现方法融合到一体化网络的服务标识映射机制中，从而建立了一体化网络中从用户描述到服务标识的映射，实现了服务与资源的统一标识、注册与查找。

本书共 7 章。第 1 章介绍了基于互联网开展服务与资源发现的基本概况和发展背景，并集中阐述了全书的主要研究工作和创新点，为读者阅读本书提供线索建议。

第 2 章介绍了服务与资源发现研究的总体研究进展，并对现有的信息发现系统方案进行了对比分析，为读者了解相关研究重点和进展提供了理论基础。

第 3 章和第 4 章阐述了基于本体、语义网、服务质量等概念和理论构建形成的服务与资源一体化描述方法以及发现方法，引导读者深入了解和掌握具体的方法和技术。

第 5 章阐述了服务与资源一体化发现的技术架构和系统方案，向读者全面阐释了具体可执行的方案和流程。

第 6 章基于构建的研究基础阐述了服务与资源统一发现方法在一体化网络中的具体应用场景和流程，向读者展示了服务标识生成和一体化搜索引擎实现的技术方案。

第 7 章对全书内容进行了总结，为读者开展后续研究提供建议和引导。

本书在撰写过程中得到了北京交通大学黄厚宽教授的支持鼓励和宝贵意见，在此谨向黄教授致以衷心的感谢。另外，感谢华北电力大学(北京)控制与计算机工程学院信息安全教研室师生在本书成稿过程中给予的帮助支持。本书得到国家自然科学基金青年项目“网络资源的语义标识与分布式定位方法研究”（项目编号：61305056)、中央高校基金面上项目“地理信息集成方法及在智能电网中的应用研究”（项目编号：2018MS024)、吉林省科技发展计划项目“面向城市精细化治理的智能路径规划服务”（项目编号：20190303133SF)等的支持。在此对国家自然科学基金委员会、北京市教育委员会和吉林省科技厅的支持表示感谢。本书的出版得到了科学出版社的大力支持和帮助，在此表示诚挚的感谢。

由于作者水平有限，书中难免会有疏漏之处，敬请广大读者批评指正。

张　莹

2018 年 10 月于华北电力大学(北京)

目　　录

第 1 章　服务与资源发现介绍

1.1　概　　述

随着信息社会的发展，互联网已经成为人们日常生活的一部分，取得了巨大的成功，其蕴含着具有巨大潜在价值知识的分布式信息空间，人们可以从中轻易获取大量信息[①]。然而，从信息中取得能够真正转化为生产力的知识却仍非易事，其主要困难不是信息的匮乏，反而是信息“过剩”，即难以快速有效地从信息中识别、拾取有价值的知识。

互联网是一个“网络的网络”，它把世界上的各种大大小小的网络联结汇聚在一起，推动了网络技术的迅速发展。在互联网发展初期，网站相对较少，网页数量也较少，信息的查找对于互联网用户来说是一件相对轻松的事。然而，伴随着互联网爆炸式的发展，普通互联网用户已无法掌控互联网这个信息海洋。1994 年，“蜘蛛程序(web spider)”的出现填补了这个空白；同年，超级目录索引 Yahoo!拉开了第一代搜索引擎的序幕。搜索引擎是一个面向互联网的信息搜集、整理和检索服务系统平台。当今搜索引擎的主流是基于网络爬虫的第二代网络搜索引擎，其主要采用了网络爬虫技术、索引技术、相关度及排序技术。目前以 Google 为代表的多家搜索引擎正在不断扩充和完善各自功能，提高其搜索服务的高效性和准确性。

从搜索引擎的迅速发展可以看出，用户对从海量信息中准确查找资源的需求非常迫切。在如今的互联网时代，各类网站分布式地支撑起了互联网的骨架，搜索引擎则是解决网络信息查找的理想解决方案之一。但是，互联网上还有很多信息游离于分布式的骨架之外，例如，按其他网络协议开发的网络服务器和客户端，即互联网上仍有很多资源和服务没有纳入搜索引擎的考察范围，若要找到此类资源和服务，则需要通过多次统一资源定位符(uniform resource locator，URL)的链接跳转才能实现。

为了解决此类问题，下一代网络中的一体化网络方案引入了分布式注册中心的概念。网络客户端将其可以提供的资源和服务在分布式注册中心进行注册；其他网络客户想要查找特定资源和服务时，直接向注册中心查找自己需要的资源

---

① 本书中，如无特别说明，信息特指资源与服务的集合。

或服务。在上述资源及服务的注册和查找过程中，各分布式注册中心处于对等的地位。

资源的获取和服务的接入是互联网的两种重要基本应用，几乎所有的互联网活动都需要两者的支持。互联网中的资源和服务不是孤立存在的，它们之间存在着很多潜在联系，但是在当前的互联网架构中，对资源和服务的描述与处理机制尚未完善，许多研究只是讨论了资源的查找或服务的查找，对两者之间联系的探讨和利用仍有较大的局限性。鉴于此，如果能充分发挥资源和服务之间的联系，构建服务和资源的统一描述与发现机制，将会为用户提供更为便利、高效的服务与资源统一处理机制，同时也能够减少分别开展服务和资源处理造成的网络资源浪费。

目前，很多信息检索的过程是基于关键词匹配技术达成的。此种方式的检索通常会向用户返回很多不相关的条目并需要用户从中手动挑选意向结果，且无法满足用户的更高需求。在信息检索中加入语义层面考虑有着重大的进步意义，其使得互联网中原本流动的单纯数据流被扩展为计算机可理解的语义信息。基于此，信息交换则可以建立在语义层面而非文字层面，进而可以使计算机精确地理解、采集和组合信息，即演进形成了语义网(semantic web)。

语义网是由万维网创始人蒂姆·伯纳斯·李在2000年的世界可扩展标记语言(extensible markup language，XML)大会上提出来的，他对语义网的概念进行了解释，并提出了语义网的体系结构。2001年5月，*Scientific American* 封面文章发表了 Berners-Lee 等[1]的文章，文中描绘了语义网应用的美好前景，并对其中的主要技术进行了简明介绍。语义网思想勾勒了一个计算机根据语义智能化地进行信息处理的下一代网络构想。其将“语义”的概念引入互联网，所涉及的“让机器理解信息的含义”已经成为近年来的研究热点。

为了实现对服务的语义查询，许多研究者采用网络服务的本体语言(ontology web language for services，OWL-S)[2]来描述服务。OWL-S 是一种用来描述服务的、计算机可以理解的本体语言。OWL-S 提供了三种类型的知识：service profile(描述服务是做什么的)，service model(描述服务是如何工作的)，service grounding(描述如何调用该服务)。其中，service profile 表达了服务的基本功能，可以用来实现服务的基本能力匹配，进而实现服务的发布、查找和匹配。

近年来，用户对互联网服务的要求越来越高，不同用户对同一服务的质量要求是不一样的，服务质量(quality of service，QoS)分级成了新一代网络的主要特点之一。不同的服务请求对应了不同的服务质量等级。因此，为用户提供带有 QoS 等级的服务查询是网络中服务查询的关键。

此外，现有的服务或资源发现多采用集中式的查询机制，描述信息(即元数据)

被存储在统一的网络节点。此种查询机制容易受制于单点故障，不适合大规模的服务和资源查询。这一缺陷与新一代网络中提出的普适服务是相冲突的，因为在普适服务中，越来越多的设备和实体以服务的方式加入网络，并且动态地保持更新，而集中式的查询机制则不能很好地适应服务与资源的动态性和可扩展性。

互联网中信息量的爆炸式增长使得集中式的服务和资源发现方案难以有效地满足实际需求，应运而生的点对点(peer to peer，P2P)，也称对等式技术(如 Napster、Gnutella、Aim 等)[3,4]变得越来越流行。然而，大多数 P2P 应用程序系统只适用于某一种特定的平台，相互之间不能进行通信和数据共享。例如，Napster 提供音乐文件的查找，Gnutella 提供普通文件共享，Aim 提供短消息发送。由于缺乏通用的基础机制，这些 P2P 系统互不兼容，难以实现互操作，而克服这些 P2P 系统的缺点正是 JXTA[5]的设计目标。JXTA 提供了一个跨平台、跨操作系统和跨编程语言的 P2P 网络应用程序平台，它构建的 P2P 应用程序具有三个特性：互操作性、平台无关性和广泛性。

基于当前网络的发展趋势和未来网络的新特性，研究如何基于现有技术(如语义网、P2P 等)[6,7]从海量信息中获取有用信息，具有较高的学术意义和应用价值。因此，本书针对现有网络中服务与资源发现系统存在的种种弊端，依托国家重点基础研究发展计划(973 计划)“一体化可信网络与普适服务体系基础研究”课题背景，研究服务与资源一体化描述、标识、查询的基本方法；结合未来网络的发展趋势及一体化网络的特点，研究带有服务质量等级信息的服务发现方法，并将其应用于一体化网络中生成服务标识(service identifier，SID)，实现从用户描述到服务标识的映射，以及服务与资源的统一标识、注册与查找。

1.2　本书的目标

本书依托国家重点基础研究发展计划(973 计划)“一体化可信网络与普适服务体系基础研究(2007CB307100)”课题背景，基于未来网络的特点，从现有的各种资源或服务发现原型系统出发，结合不同系统的优缺点，研究如何实现服务与资源的一体化发现，使其能为用户提供更加便利、一体的服务与资源处理机制；在此基础上将其应用于一体化可信网络与普适服务体系中，使其能够更好地服务于新一代网络。

本书所陈述的具体工作如下。

(1)分析现有服务与资源发现系统的研究进展，主要涉及服务与资源的描述方法、分布方式、匹配算法等。针对目前服务与资源发现系统中存在的一些问题，本书提出一种新的服务与资源一体化发现系统，以更好地满足用户的需求。

(2)在传统互联网上进行资源、服务的注册与查询时，由于资源和服务的关系没有明确的定义划分，通常需要通过人工辨识进行判断，用户很难也没有必要自行区分所需要的是一个资源还是一次服务，或者是两者的混合。因此，对互联网资源和服务进行统一描述是一体化信息发现的首要任务。本书通过分析现有互联网中服务与资源描述、注册及查找所存在的不足，阐述一种以本体描述为基础，将服务与资源通过实体属性联系起来的统一描述方法。

(3)用户对网络服务的要求越来越高，不同用户对同一服务的质量有不同的需求，服务质量分等级成了新一代网络服务的主要特点之一，不同的服务请求要通过不同的 QoS 等级来应答。针对这一特点，本书提出一种向 OWL-S 中添加 QoS 信息的新方法用于描述服务(即 OWL-QoS)，并基于 OWL-QoS 提出带有 QoS 信息的语义服务匹配算法。

(4)现有互联网技术是围绕超文本系统展开的，其主要思想是通过统一资源标识符(uniform resource identifier，URI)对互联网上的信息进行标记，使人们可以迅速地对互联网上的信息进行定位。然而，现有互联网技术并没有描述信息的语义，计算机在处理信息时只是通过对照 URI 来定位信息，对信息的内容并不关心。由于现有互联网技术的局限，互联网上信息处理的自动化、智能化程度很低，计算机处理器的强大性能没有得到有效发挥。语义网的出发点正是改变现有互联网依靠文本对比实现资源共享的模式，通过本体来描述资源的语义信息，达成语义级的资源共享。通过语义网的引入，各类资源不再只是保持彼此间各种相连的信息，还包括信息的语义表达，支持用计算机可以理解的内容来描述资源与服务，使得网络中流动的不再是单纯的数据流，提高了计算机处理信息的自动化和智能化程度。因此，本书采用语义网的相关技术来描述服务与资源，并基于概念间的距离及概念的粒度提出一种语义相似度计算方法来评估概念间的语义关系，从而对信息实现快速、智能定位。

(5)基于本书提出的服务与资源一体化发现原型系统，研究相应的服务与资源一体化匹配算法，实现服务与资源的统一注册与查询。

(6)现有互联网体系架构是由美国设计的，互联网的核心设施则由美国主导控制，全世界现有的 13 个顶级域名服务器中，有 10 个坐落在美国。因此，在下一代的一体化网络中，研究新型的服务与资源统一描述、命名及名字解析映射具有重要的战略意义。本书将服务与资源的一体化描述方法应用于新一代网络——一体化网络的研究中，实现服务标识的生成。

(7)本书介绍基于语义的服务与资源一体化注册与发现方法及其在一体化网

络中的应用，实现一体化网络中从用户描述到服务标识的映射，以及服务与资源的统一标识、注册与查找。

1.3 研究问题

本书重点探讨和阐述基于语义的分布式服务与资源一体化发现方法及其在一体化网络中的应用，主要研究问题及创新工作如下。

(1)研究了网络中服务与资源的相互关系，创新性地提出了一种以本体描述为基础，将服务与资源通过属性联系起来的统一描述方法。服务与资源的统一描述机制将根据使用频度向用户提供与其查询内容相关的服务和资源信息，即优先提供使用频度较高的结果，以此实现用户查询的方便化、智能化和语义化，以及实现服务与资源一体化发现的前提和基础。

(2)针对未来网络的发展趋势——服务质量分等级，本书提出了将 QoS 信息加入服务描述本体 OWL-S 中的服务描述方式，即 OWL-QoS。基于 OWL-QoS，本书作者提出了带有 QoS 信息的服务匹配算法。

(3)本书采用语义网的相关技术来描述服务与资源，基于概念间的距离及概念的粒度提出一种语义相似度计算方法。通过该方法，可以计算获得不同资源或服务间的语义相似度关系，其是基于语义的服务与资源一体化匹配算法的基础。为了向用户提供便利、一体的服务与资源查询处理机制，减少分别进行服务和资源处理产生的网络资源浪费，本书分析服务与资源的相互关联，发掘两者之间的联系，提出并设计基于语义的分布式服务与资源一体化发现原型系统。基于该原型系统，本书提出基于语义的服务与资源一体化匹配算法，详细地阐述服务与资源的统一注册、查询、更新等操作流程。性能分析实验表明本书中提出的服务与资源一体化发现方法具备合理性与有效性。

(4)通过将本书中提出的服务与资源一体化描述方法应用于一体化网络研究领域，提出服务与资源统一命名机制，实现服务与资源统一标识的生成；通过将服务与资源一体化发现原型系统整合至一体化网络中，实现一体化网络中从用户描述到服务标识的映射，以及基于语义的服务和资源的统一注册与查找。

1.4 本书的内容结构安排

本书后续的章节关系如图 1.1 所示，具体的组织结构如下。

第 2 章：对服务与资源发现系统的研究现状进行综述，重点介绍几种典型的信息发现系统的优缺点，讨论基于语义的分布式服务与资源一体化发现方法研究的重要性。

第 3 章：基于服务与资源的属性建立两者之间的紧密联系，统一描述网络服务与资源。

第 4 章：基于新一代网络中区分服务质量等级的重要特点，提出向基于语义的服务描述文件中添加 QoS 信息的新方法，并相应地提供面向 QoS 的服务匹配算法。

第 5 章：介绍基于语义的分布式服务与资源一体化发现原型系统的设计与实现，给出原型系统中基于语义的相似度计算方法，用于实现服务与资源的模糊匹配。重点研究并提出基于语义的服务与资源一体化匹配算法，分析服务与资源的统一注册、查询、更新等流程。

第 6 章：将本书提出的服务与资源统一发现方法应用在一体化网络中，提出服务与资源的统一描述和命名方法，实现从用户描述到服务标识的映射，以及基于语义的服务与资源统一注册和查找。这两部分的工作主要集中在一体化网络结构的“服务层”。

第 7 章：对本书的工作进行总结。

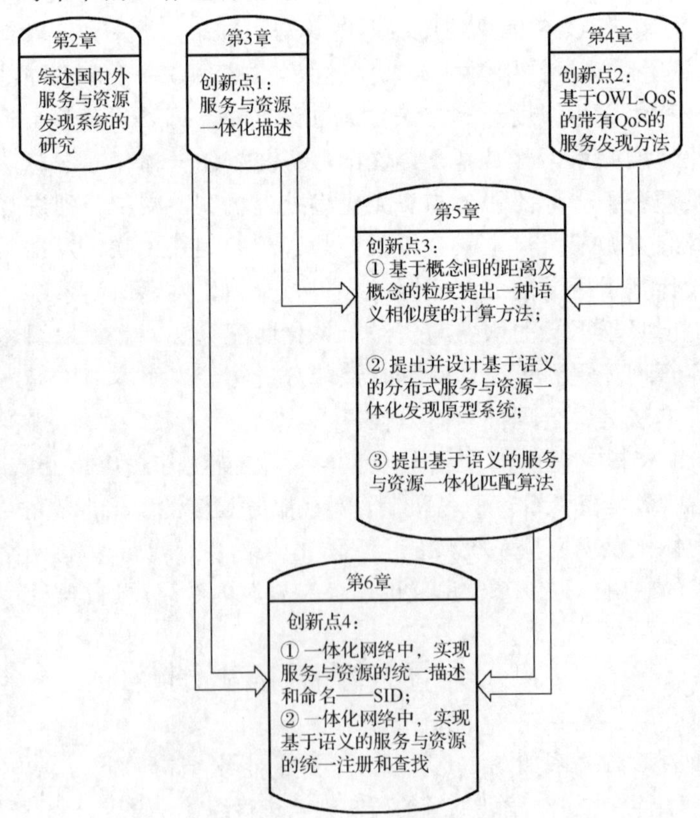

图 1.1　本书的内容结构及章节关系

第 2 章　研究进展综述

21 世纪是信息化、网络化时代，信息资源的广泛共享和高效传递是信息化、网络化发展的重要标志。随着互联网的快速发展，其已经成为世界上覆盖面最广、规模最大、信息资源最丰富的网络基础设施，成为全球范围内传播和交流社会信息、科研信息、教育信息以及商业信息的最主要渠道。互联网信息的特点主要包括三个方面：①数据量大，内容丰富，涵盖的内容种类繁多；②信息类型多样化，除文本、声音、图像等资源外，还包括多种类型的服务，如电子邮件 E-mail 服务、文件传输 FTP 服务、远程登录 Telnet 服务、网络新闻 Usenet 服务及 Web 服务等；③信息来源分散，信息无统一管理和统一发布的标准。

互联网信息主要呈现为资源与服务两种类型。资源获取与服务获取是目前互联网中最重要的两种应用，几乎所有的网络活动都需要两者的支持。本章针对资源与服务的发现问题，对国内外相关工作进行综述，以其构成本书后续研究工作的基础。

2.1　资源与服务发现的目标

越来越多的人习惯从互联网获取信息，其主要通过信息搜索达成[8,9]。如果说互联网是信息传递的通道，那么互联网信息检索则是寻求构建信息传递通道的关键工具。随着网络信息量的剧增，人们想在海量复杂的信息中找到真正需要的信息，无异于大海捞针。因此，为了更充分地利用互联网资源，满足人们不同的查询需求，互联网信息检索技术迅速发展起来。根据技术原理的不同，互联网资源搜索主要分为四类：网络信息目录技术、基于机器人的搜索技术、元搜索技术及基于语义的搜索技术。对应上述四种搜索技术，互联网资源检索方法主要包括以下四种类型。

2.1.1　目录式搜索

借鉴传统的图书情报管理方法，网络信息目录依靠人工（专门的信息管理人员）建立网络信息数据库。信息管理人员跟踪和选择有用的网络站点或页面，并按规范方式对其进行分类标引，组建信息索引数据库。构建网络信息目录所采用的分类法有主题分类法、图书分类法、学科分类法和分面组配分类法[10]。用户可以仅靠分类目录找到需要的信息，而不用进行关键词匹配查询。目录索引中最具代表性的应用为 Yahoo！(雅虎)，其他知名的还有万维网开放内容目录 DMOZ、LookSmart、About 等。国内的搜狐、新浪、网易搜索也都属于此种类型[11]。目录式搜索因为基于人的智能进行构建，具有信息准确、导航质量高等优点；其缺点是依赖人工输入、维护工作量大、信息时效性难以保证。

2.1.2 基于机器人的搜索

基于机器人的搜索技术是在网络信息目录技术基础上发展起来的，其实现了从人工录入到计算机自动化处理的转变过程，即通过编写特定程序完成索引项的自动维护更新。上述提及的特定程序称为机器人(Robot)，也称为 Spider、Crawler 或 Worm。此类程序自动搜索文件并跟踪文件的超文本结构，能够沿着网络链接漫游 Web 文档集合。机器人一般以 URL 清单为基础，提取网页上有价值的文本信息，并能够利用网络标准协议(如超文本传输协议(hyper text transfer protocol，HTTP)等)读取相应的文档，然后以所读取文档中的新 URL 为起点，继续重复漫游过程，直到不再出现满足条件的新 URL[10-12]。

按照搜索顺序划分，基于机器人的搜索一般采用两种策略，分别是广度优先和深度优先。广度优先搜索策略是指机器人会先抓取起始网页链接的所有网页，从中选择一个链接网页，继续以同理方式抓取在此网页链接的所有网页。该策略是最常用的搜索方式，并且可以通过构建机器人并行处理架构，具备较高的抓取速度。深度优先搜索策略是指机器人会从起始页中的某个链接开始，跟踪链接关联持续跳转并抓取，直至不再有新的跳转链接出现，再转入起始页中的另外一个新的链接开展同样的跳转和抓取[10]。

基于机器人的搜索具有信息量大、更新及时、不需要人工干预等优点，但其返回结果内容过多，包含的无关信息比较多，需要用户从中进行二次筛选。采用该类搜索技术的搜索引擎代表有 AltaVista、Excite、Infoseek 等；国内代表为天网、Openfind 等[11]。

互联网网页按存在方式可分为表层网(surface web)和深层网(deep web，也称 hidden web 或 invisible web)[13]。表层网指传统网页搜索引擎可以索引的页面，该类页面可以通过超链接访问，且部分页面属于静态网页[14]。深层网是指那些由普通搜索引擎难以发现其信息内容的 Web 页面[15]，它们存储在网络数据库中，不能通过超链接直接访问，而需通过动态网页技术进行访问。

Bright Planet 公司在 2000 年对深层网做了详细调查[16]，其调查结果显示，深层网中可访问的信息容量是表层网的 400～500 倍；深层网站点月访问量是一般站点的 1.5 倍，并且经常被链接；深层网是互联网中规模最大、发展速度最快的新型信息资源；深层网站点比一般站点涉及范围小，内容更为精深。

尽管深层网中含有海量的有价值信息，但现有的搜索引擎，如Google、Yahoo!等，一般只搜索表层网中的静态页面、文件等资源，很少索引深层网中的资源。这是因为对深层网的搜索可能会使机器人陷入海量动态页面的跳转抓取任务中，从而浪费了网络带宽和存储资源，可见发现潜藏在网络数据库中的信息对于网络资源发现是一项艰巨的任务。

目前，很多研究者正积极地投入深层网搜索技术的研究中。现有的深层网爬虫技术大部分采用表单填写的方法，按照表单填写方式的不同可分为两类。①基于领域知识的表单填写。这种方法首先构建一个本体库，通过语义分析选取合适的关键词组合填写到表单中，开展后续搜索操作[17-21]。②基于网页结构分析的表单填写。该方法一般无须领域知识或者仅需要一定量有限的领域知识，将网页表单构建成文档对象模型(document object model，DOM)树，在DOM树中提取表单各字段值开展搜索操作[22-24]。

2.1.3 元搜索

元(meta)搜索是指基于前导搜索开展的进一步搜索，其通过将其他搜索引擎搜索到的信息进行融合，开展后续搜索。这类搜索引擎没有自己的数据，而是将用户的查询请求同时向多个搜索引擎递交，将返回的结果进行重复排除、重新排序等处理后，作为结果返回给用户。在搜索结果排序方面，有的元搜索直接按照来源引擎的排列展示搜索结果，如Dogpile，有的则按自定的规则将结果重新排列组合。元搜索引擎的优点是返回结果的信息量更大、更全，缺点是不能够充分发挥所使用搜索引擎的功能，需要用户做较多的人工筛选。这类搜索引擎的代表是WebCrawler、InfoMarket等[11]。

元搜索中最重要的技术环节是融合算法的选择，即如何将检索结果融合到一起。在根据不同先验知识提出的各类融合算法中，比较经典的元搜索融合算法有以下四种。

(1)原始分值合成法。当已经知道文档的原始相关性分值，并且这些分值可以直接比较时，可以采用原始分值合成法。该方法直接依据每个文档的原始相关性分值决定其合成排列次序。

(2)规范分值法。若文档的原始分值不能直接比较，则可以通过对倒排文档频率等进行标准化来得到规范的相关性分值，并以之为依据确定文档的合成排列次序。

(3)加权分值法。若能得到文档的原始相关性分值，则可以计算出各个信息源相对于查询条件的重要性，再以此为权重乘以文档的相关性分值作为决定其合成排列次序的依据。

(4) 间隔排列合成法。如果只有文档的原始顺序是已知的，则可以采用间隔排列合成法，该方法首先把每个查询结果中的第一项交叉列出，然后再把各个查询结果中的第二项交叉列出，以此类推完成排列。

2.1.4 语义搜索

目前，本书前面提及的三种搜索技术均得到了广泛应用，但查全率和查准率仍不尽如人意。这是因为现有的搜索引擎大部分是基于关键字或者基于文本内容执行检索，并未充分考虑语义信息对搜索结果的影响。查询结果通常与用户使用的词汇查询形式及其组合形式密切相关，并且掺杂了大量不相关文档的查询结果，给用户带来了较大的甄别负担。鉴于面向统计意义的词型匹配难以达成对网络资源的有效检索和利用，研究者将关注焦点由原有的围绕词形开展处理转向对词义的挖掘上，开始探索基于语义的检索技术与方法。

语义检索概念最早出现在 20 世纪 80 年代的 SIGIR 会议①论文中，但由于当时语义信息处理发展水平有限，所以语义检索研究受到制约。20 世纪末，随着人工智能和自然语言处理的发展，特别是语义网[25-28]技术的兴起，语义检索开始迅速发展。对语义信息的提取与处理主要有两种方法：一是基于自然语言的处理技术；二是基于语义网的方法与技术。目前，对后者的研究更为广泛和普遍。可以说，正是语义网的出现与发展使得语义检索的研究迅速进步。

将语义网技术[29]引入搜索中，其目的是通过语义网技术提高当前的搜索性能，是一个很有研究价值但处于初期阶段的研究课题。近几年国内外学者采用了多种方法和技术对该课题进行了深入研究，并建立了相关的原型系统，取得了一定进展。尽管 Web 搜索技术已经得到普及应用，但是由于语义网正处于发展阶段，技术条件也存在着一定限制，目前没有形成普适的解决方案。因此，现有的语义搜索系统均处于初步研究阶段，在查全率和查准率等方面尚难以满足用户的需求，距离实际商业化应用还有很大的距离。

语义网通过向各种资源中添加描述语义信息的元数据，使计算机能够理解资源的描述信息，从而以更少的人工干预完成复杂工作。本体是语义网技术的核心部分，它通过对概念的严格定义和概念之间的关系标定概念的含义。关于本体，在计算机界最为知名且被广泛引用的定义是：本体是概念模型的明确规范说明[30,31]。其实质是把本体当作领域(特定领域或更广的领域范围)内部的不同主体

---

① 全称为 International ACM SIGIR Conference on Research and Development in Information Retrieval，即 ACM 信息检索国际会议。该会议是国际上信息检索领域顶级会议，始于 1971 年，代表了当前信息检索研究的最高水平。

(人、计算机、软件系统等)之间进行交流(对话、共享、互操作等)的一种语义基础，即本体提供了一种明确定义的共识。

按照本体技术在语义搜索中发挥的作用，可将语义资源搜索大体分为五类：基于传统搜索的增强型语义搜索、实例检索、语义关系检索(关联搜索)、语义标注文档检索和本体文档检索。

(1)基于传统搜索的增强型语义搜索。基于传统搜索的增强型语义技术，其核心仍然是传统的搜索引擎，本体以多种途径用于增强关键字的搜索效果，能够改善搜索操作的查全率与查准率。基于本体的增强型语义搜索方式涉及查询消歧与查询扩展。通过消歧，能够明确查询的确切所指，准确反映用户的搜索意图，进而通过加入与其语义相关的其他概念来实施扩展，达成搜索目的。

许多研究[32-34]利用语言本体(如 WordNet)提供的词的不同义项来实现查询消歧，通过语义本体蕴含的同义、整分、上下位等词汇关系实现查询扩展。文献[35]利用 WordNet 词典本体实现查询扩展，定义目标词的同义词集合。当使用关键词在本体中检索时，其他相关的概念通过图搜索的方式也被检索出来，与这些相关概念的词可用于扩展或者约束搜索。

(2)实例检索。知识库中包含正式的语义信息，主要是指概念、实例和关系。一般来说,用户感兴趣的数据并不是抽象的领域知识(如“工作”这样的笼统概念)，而是关于某个概念的具体实例信息。因此，能够有效地搜索出属于某个概念的所有实例(即实例搜索)是体现搜索性能的关键。实例搜索的目的是在基于本体构建的知识库中发现和搜集关于某一指定类的所有实例信息，其主要是基于结构化的查询与推理实现的。其中，基于 RDF(S)、OWL 等底层知识模型的图遍历(graph traversal)与图模式(graph patterns)得到了广泛的应用。文献[36]基于传统的关键词检索，结合扩展激活算法，通过图遍历进一步扩展搜索，从而获得更多与初始结果不直接关联的实例信息。文献[37]在文献[36]的基础上提出了一个实例相似性计算方法，将其用于扩展激活过程。

(3)语义关系检索(关联搜索)。概念、文档等之间的语义关系是语义网资源检索的重要内容之一。目前，一些研究已开始关注针对语义关系的检索问题，如文献[38]和文献[39]等进行的有关语义关联检索(semantic association search)研究，除了将简单的属性链关系纳入考虑，更关注概念间的各种复杂关联关系。

(4)语义标注文档检索。语义标注文档检索的大体思路是在对文档进行语义标注与索引的基础上，先进行实例检索，再据此返回所有检索结果以检出实例标注的文档信息。文献[40]以文档为单位进行标注，并将文档作为一个概念类的实例来进行处理。此类方法使用从文档全文和其语义标注数据中抽取的内容描述词来代表文档，并建立索引记录。此种索引既可以支持基于关键词的检索，也可以支持语义标注的信息检索。文献[41]根据自建的历史领域本体对文档进行实例标注，认为用户浏览的当前资源的上下文信息可代表其真实查询意图，进而构建包含概念与时间的语义上下文信息实现检索。根据其研究成果，用户首先通过传统的全文检索获得一个初始资源；然后系统据此反馈该资源的上下文信息，并将嵌入文档中的链接提供给用户进行选择；当用户单击链接时，系统将当前上下文信息作为新的查询，进行基于本体和规则的查询扩展。

SHOE[42,43]是由马里兰大学开发的系统。该系统能够收集网页上的语义标注，并将其存入知识库。用户通过图形化用户接口提交基于本体的形式化查询，并选择查找实例所属的概念，在知识库的支持下找到与查询相关的网页。

文献[44]～文献[47]将信息检索和语义网结合，开发出 OWLIR、Swangler 和 Swoogle 三个原型系统。其中，OWLIR 可自动产生并提取网页中的语义标注，还能够实现推理以产生更多关于网页的语义信息。使用该系统时，搜索请求可以是针对语义信息的形式化查询，也可以是针对文本信息的关键字查询。Swangler 将语义标注转化为一般的文本查询关键字。Swoogle 是一种语义网搜索引擎，其检索结果是与查询关键字相关的语义网文档(即资源描述框架(resource description framework，RDF)或网络本体语言(ontology web language，OWL)格式的文件)，它的缺点是没有体现出语义网文档中的语义结构信息。

(5) 本体文档检索。本体文档检索旨在找到含有特定类或属性的本体文档。普通搜索引擎可以通过指定文档类型(如 RDF)的方式搜索本体文档，但最大的问题是不能识别本体文档中的结构化语义标注信息，因而不能将此类信息与普通文本信息区别对待。对本体文档进行检索的首要问题是能否将真正符合需求的本体文档与只是含有检索词的本体文档区分开来。解决这一问题的思路主要有两种：一是将本体文档针对普通搜索引擎的适用性需求改造处理；二是探索新的本体搜索方法及技术。

基于第一种思路，文献[46]利用 Swangling 原型系统的技术将语义信息编码成普通文本，并将其作为新的表达信息加入原 RDF 文档中。经过处理后的 RDF 文档即可被普通搜索引擎索引和检索，同时还能发挥其语义信息的作用。基于第二种思路，文献[48]采用了本体注册的方法。按照此种方法，通过设置注册服务器，只保存由本体服务器提供的元数据信息，并将本体中的元素与 WordNet 中的词进行匹配以构建本体摘要。通过该种方式，用户就可以从 WordNet 中选词来对注册服务器进行检索。文献[49]采用基于 Google Web Service 构建的 Google Crawler 进行本体搜索。该搜索方法基于向量空间模型，采用概念-权重向量匹配进行本体索引与匹配。文献[50]通过 Google 搜索获取一批与用户查询域相关的文档，然后从这些文档中抽取若干个关键词取代原始查询并与本体文档进行检索匹配。

2.2　服务发现的研究现状

随着普适计算概念的提出，计算机将不再以孤立的计算设备的形态出现，而是通过嵌入式处理器、存储器、通信模块和传感器等装置集成在一起，以多种信息设备的形式出现。这些信息设备集计算、通信、传感器等功能于一体，能够兼容地与各种传统设备结合在一起。信息设备可以便捷地通过无线网络实现互连并连接至互联网，针对用户的个人需求提供个性化服务。

普适环境由于其中设备、服务的可用性频繁变化会表现出动态特征，用户在其中如何定位合适的服务以完成特定任务是非常关键的[51-56]。为了解决这一关问题，服务发现技术应运而生。

服务发现系统[57]是一种为客户提供访问服务的手段。无论服务是以软件还是硬件的形式实现，其功能接口都应该是以软件形式呈现的，并且这段实现可访问接口的软件程序，即是服务发现的任务目标——服务。

服务发现系统与传统目录服务器的主要区别在于：目录服务一般通过手工配置，只提供简单的“名-值”映射，难以支持动态变化的服务集；而服务发现系统则支持服务的动态更新和自动配置，并提供更灵活的描述手段以提高服务查询效率。

服务发现系统一般包含三个重要角色：服务请求者(requestor)、服务提供者(provider)和注册中心(registry)。服务提供者创建服务描述，并将其发布到注册中心；服务请求者则向注册中心检索各种服务描述，并根据服务描述反馈要查询的服务。系统工作过程如图 2.1 所示：服务提供者首先向注册中心发布服务，即在注册中心登记提供的服务；服务请求者向注册中心提出服务查询请求，由注册中心完成服务的匹配操作；注册中心向服务请求者返回满足需求的服务索引(即提供该服务的服务提供者相关信息)；服务请求者根据返回的服务索引向服务提供者提出服务请求，进而实现绑定。由于单个注册中心可能出现失效情况导致服务发现系统不可用，因此可以对注册中心采取冗余处理。

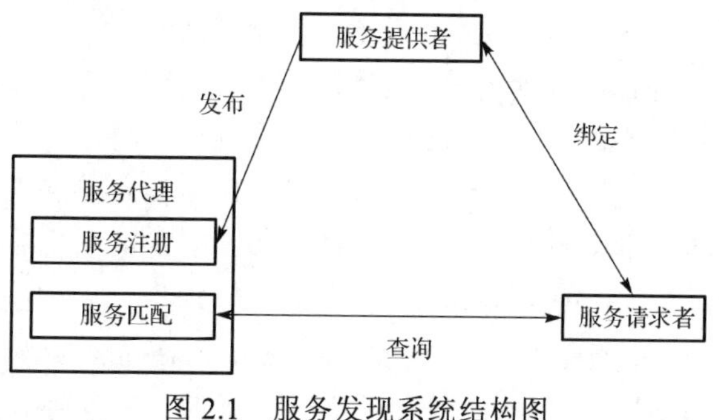

图 2.1　服务发现系统结构图

由于冗余处理不是解决单点故障的根本方法，很多研究者提出了对等式[58-61]的系统模型，这种模型没有统一的服务管理注册中心，服务请求者可以通过广播等方式发出请求，满足要求的服务提供者即可做出相应反馈。

多个研究机构从不同的角度对服务发现系统提出了多种设计思路，以下是一些典型的服务发现系统的特点分析。

(1) 由蓝牙技术联盟(Bluetooth Special Interest Group，SIG)设计的Bluetooth服务发现协议(service discovery protocol，SDP)[62,63]适用于在低功率、小范围的无线通信系统中执行服务发现功能。该协议支持多路复用和面向连接/非连接的通信模式。当位于Bluetooth上层的协议使用服务时，需要明确制定相应的动作。Bluetooth通过提供48位的ID，128位的认证密钥以及8～128位的加密密钥保证数据的安全性。文献[64]用基于RDF或DAML+OIL的语义描述信息来扩展Bluetooth SDP，能够使其在服务发现过程中更好地表述设备。

(2) 通用即插即用(universal plug and play，UPnP)[65]是一种建立在部分已有的协议及标准基础之上的机制，如动态主机配置协议(dynamic host configuration protocol，DHCP)和默认互联网协议(auto internet protocol，AutoIP)用于寻址；互联网协议(internet protocol，IP)、用户数据报协议(user datagram protocol，UDP)、传输控制协议(transmission control protocol，TCP)和HTTP用于传输；简单对象访问协议(simple object access protocol，SOAP)用于远程调用。为了实现服务发现，UPnP也定义了一些其他的基于XML的协议，如简单服务发现协议(simple service discovery protocol，SSDP)。设备通过广播方式加入目标网络，并由控制节点存储这些广播通告。当用户执行服务发现时，所有控制节点接收用户的服务请求，将匹配成功的通告返回给用户。UPnP没有明确的安全特征，仅依赖于网络和Web基础设施的安全性。

(3) Salutation[66]是由Salutation联盟设计的服务发现体系结构，其主要目标是开发独立于网络传输层的服务发现协议。该体系结构中有三个主要组件：Functional Units(FU)、Salutation Managers(SLM)和Transport Managers(TM)。FU用于描述服务，每个FU定义了一类服务的属性，具体的服务可以根据其服务类型选择特定的FU，填入具体的属性值，从而完成对该服务的描述。当用户向一个SLM发送查询请求时，SLM将会把请求信息与已经注册的FU内容进行匹配，同时有选择地将请求信息发送给其他可能含有相关信息的SLM。TM将服务发现功能与特定的传输层协议隔离，从而使Salutation具备了独立于网络传输特征的性质。当需要扩展支持新的传输层协议时，只需编写新的Transport Manager，以允许服务发现在可选的传输层上得以执行。

(4) 服务定位协议(service location protocol，SLP)[67]是由IETF为IP网络设计的服务发现协议。该协议中的三个主要实体：Service Agents(SA)、User Agents(UA)和Directory Agents(DA)，分别对应扮演着服务提供者、服务消费者和服务管理者的角色。根据 DA 的存在与否，服务发现操作可分为两种模式：当 SLP 在没有 DA 的环境下工作时，客户使用 IP 组播在本地网络中发出服务需求信息，匹配该需求的相应服务通过单播直接回应；在 DA 存在的情况下，SA 需要向 DA 注册，UA 则向 DA 发送服务查询请求。DA 的存在可以减少大量的组播消息，显著地提高系统性能。

(5) 鉴于 SLP 只适用于局域网(local area network)，文献[68]针对 SLP 进行了改进，提出了新的结构，使其更适用于广域网范围(wide area network)。它将 SLP 中给出的 DA 分为四种类型，每种用于存储不同类型的信息。Local DA 用于存储和管理局域网范围内的服务信息，其作用等同于 SLP 中的 DA；General DA 负责存储和管理所有服务的信息；Specialized DA 只存储专门领域的服务信息；DA Directory 存储并管理着所有 DA 的信息。改进后的 SLP 采用 push 与 pull 相结合的方式来获取服务信息。push 代表服务主动注册，提供服务信息；pull 表示通过 Crawler 来抓取服务信息。用户在查询服务时，首先通过 Local DA 进行查询，如果没有获得匹配的信息，则向 General DA 提出查询请求，如果仍未获得满意的结果，则向 Specialized DA 进行查询。

(6) Sun 微系统公司提出的 Jini[69]是一个典型的与平台无关的服务发现系统，它包括客户(服务的消费者)、服务(服务的提供者)和服务器(服务的管理者)。服务采用组播方式向服务器登记自身的存在，客户向服务器发出查询请求以找到服务。客户与服务的交互可以通过两种方式进行：Java 事件；下载实现服务或允许客户控制服务的 Java 字节码。这些通信方法都要求用 Java 实现，因此 Jini 依赖于代码的移动性。

(7) 加利福尼亚大学伯克利分校研究开发的 SDS(secure service discovery system)[70]，旨在构筑可扩展的服务器基础设施，以提供一个可靠的、安全的服务发现机制。SDS 注重开放环境下安全性的管理，可以根据实际需求建立或者移除服务器，层次结构可以在很大范围内得到维护。SDS 支持基于 push 和 pull 两种模式的访问。前者用于被动发现过程，后者用于基于查询的主动访问。另外，系统提供了丰富的基于 XML 的描述和查询语言，具有很好的开放性；但它要求所有的参与进程基于 Java 开发，具有较大语言相关性。

此外，Web 服务(web service)[71-83]是一类在网络中被研究得最多的服务[84]。它是一种面向服务架构的技术，通过标准的 Web 协议提供服务，目的是保证不同平台的应用服务可以实现互操作。根据 W3C 的定义，Web 服务应当是一个软件系统，用以支持网络间不同机器之间的互操作。Web 服务通常是由许多应用程序接口(application programming interface，API)组成的，它们通过网络执行客户所提交的服务请求。Web 服务在电子商务、电子政务、公司业务流程电子化等领域广泛应用[85]，被业内人士奉为互联网发展的又一个重点。

可以把 Web 服务理解为一组可以通过多种方法进行调用的工具。远程过程调用(remote procedure call，RPC)、面向服务架构(service oriented architecture，SOA)以及表述性状态转移(representational state transfer，REST)是三种最普遍的Web服务调用方法。

远程过程调用是一种比较传统的方式，即Web服务提供一个分布式函数或方法接口供用户调用。目前，采用面向服务架构的概念构筑Web服务受到了广泛关注。在面向服务架构中，通信由消息而不再是某个动作(方法调用)实现驱动。这种Web服务也称作面向消息的服务，它得到了大部分主流软件供应商以及业界专家的支持和肯定。SOA方式与RPC方式的最大差别在于，前者更加关注如何连接服务而不是过分注重某个实现的细节。表述性状态转移式的Web服务类似于HTTP或其他类似协议，它把接口限定在一组广为人知的标准动作中(如HTTP的GET、PUT、DELETE)以供调用。

根据Web服务的特点及不同的调用方式，多个研究机构提出了不同的Web服务发现方案。

通用描述、发现与集成协议(universal description，discovery，and integration，UDDI)[86]是当前最流行的方案之一。它是一个服务统一描述、注册和发现的中心。UDDI是一个基于XML的跨平台描述规范，可以使世界范围内的企业在互联网上发布自己所提供的服务。UDDI是OASIS发起的一个开放项目，其目的是使企业在互联网上可以互相发现并定义业务之间的交互。UDDI注册包括三个组件：白页描述了企业的基本信息，如地址、联系方式以及已知的标识；黄页描述了基于标准分类的目录；绿页描述了与服务相关联的绑定信息，及指向这些服务所需实现的技术规范的引用。UDDI是核心的Web服务标准之一，它通过简单对象访问协议进行消息传输，用Web服务描述语言描述Web服务及其接口使用。

UDDI是一种集中式的机制，仅支持对服务语法层面的操作。一方面在服务注册阶段无法准确刻画服务的能力，另一方面在服务发现过程中由于仅提供基于关键字的服务匹配策略，所以在某些情况下服务发现效果无法满足用户要求。此外，在服务数量剧增的情况下，这种集中式的Web服务提供方式存在单点失效、可扩展性低、维护成本高等固有缺点，无法实现自动、快速和准确的服务发现机制。

麻省理工学院提出的意向名录系统(intentional naming system，INS)[87]采用了一种服务目录之间构建网状连接拓扑的解决方案。它采用服务的属性-值对服务进行命名，从而建立了一套类似于域名系统(domain name system，DNS)的服务命名体系以及相应的名录解析机制，服务提供者和客户都需要根据这一命名体系来表达服务或请求服务。INS由意向名录解析器(intentional naming resolver，INR)组成，服务的注册信息分布于各个INR中以提高对请求的响应速度，各个INR通过存储和交换名录信息提供名录解析机制。各个服务提供者向 INS 注册服务信息，客户则直接根据类型和属性向该系统提交服务请求意向。由 INR 组成的名录系统负责对请求进行解析和提供适当的路由，并返回服务的位置信息或者直接将客户的数据传递给服务，INS 提供不受网络规模和范围限制的服务发现统一解决方案。分析及实验表明，由于名录信息存储在各个 INR 中，所以服务信息的查找和更新需要较大的开销，因此随着服务数目的增加，其解析效率呈下降趋势。

2000 年世界 XML 大会上语义网的提出给服务发现带来了新的契机，语义网技术与 Web 服务发现相结合成为新的研究热点[88-94]。与基于关键词的查询方法相比，基于语义的服务发现方法能够更好地满足用户的需求，提高服务的查准率。

UbiSearch[95]提出了语义向量空间(semantic vector space，SVS)的概念。SVS 将 service/query 映射成 SVS 中的点，并相应标定坐标，语义相似的服务坐标位置临近。根据语义将 SVS 分割成不同的区间(zone)，每个区间有一个 resolver 负责该区间中的服务的注册和查找。服务被映射成 SVS 中的点，服务的坐标落入哪个区间，就由所在区间的 resolver 负责该服务的注册和查询。UbiSearch 将服务描述成向量 $\boldsymbol{D}=(a_1v_1,a_2v_2,a_3v_3,\cdots)$。其中，$a$ 为属性，v 为属性值；服务间的距离由式(2.1)给出。

$$\mathrm{dis}(S_1,S_2)=\frac{1}{n}\sum_{i=1}^{n}w_i(1-\mathrm{Sim}(v_{i_1},v_{i_2}))^2 \tag{2.1}$$

式中，v_{i_1} 与 v_{i_2} 分别为服务 S_1 和 S_2 的第 i 个属性 a_i 的值。其中，相似性函数 $\mathrm{Sim}(v_{i_1},v_{i_2})$ 的定义如下：

$$\mathrm{Sim}(c_1,c_2)=\begin{cases}\mathrm{e}^{-\alpha l}\times\dfrac{\mathrm{e}^{\beta h}-\mathrm{e}^{-\beta h}}{\mathrm{e}^{\beta h}+\mathrm{e}^{-\beta h}}, & 若\ c_1\neq c_2\\ 1, & 其他\end{cases} \tag{2.2}$$

式中，c_1 和 c_2 为两个属性；l 为 c_1 和 c_2 之间的最短距离；h 为 c_1 和 c_2 两个节点间共有孩子所在的层深；α，β 为可调节参数，$\alpha\geqslant 0$，$\beta\geqslant 0$。

基于 P2P 及语义层次网络的服务发现系统[96-104]，是一种分布式的具有语义信息的 Web 服务体系框架[105-109]，能够有效地解决集中式框架存在的单点故障等问题，是 Web 服务发现体系的发展趋势[110-116]。

MWSDI(METEOR-S web services discovery infrastructure)[117]采用了 P2P 方式实现语义网服务的发布和发现。MWSDI 分为四层，即数据层(data layer)、通信层(communications layer)、操作员服务层(operator services layer)和语义规范层(semantic specifications layer)。MWSDI 的通信层由 P2P 网络构成，为 MWSDI 的分布式组件相互联系提供基础。根据作用划分，MWSDI 有四种不同类型的节

点(peer)：操作员 peer、网关 peer、辅助 peer 和客户端 peer。每一个操作员 peer 维护一个注册库并提供操作员服务，同时向其他 peer 提供注册库本体。网关 peer 是注册库加入 MWSDI 的进入点，当新本体加入网络时，网关 peer 负责更新注册库本体，并对外发布更新内容。辅助 peer 只负责提供注册库本体。客户端 peer 则是 P2P 网络的临时成员，为用户提供使用 MWSDI 功能的渠道。

现有服务发现大多用简单的属性-值对来描述和发现服务，哥伦比亚大学开发的 GloServ[118,119]则是将从服务分类本体中获取的知识映射到 P2P 网络。GloServ 整体结构分为两个层次：上层内部呈现层次结构，由领域不相交的服务器(disjoint server)构成；下层由基于内容寻址网络(contect addressable network，CAN)[120]的 P2P 结构构成。整体结构中含有三种本体：服务分类本体(service classification ontology)、词典本体(thesaurus ontology)、CAN 路由表(CAN lookup table)。由于服务分类相对稳定，较少发生变化，所以被存储在每个服务器中。

很多 P2P 结构不具有位置信息，如 Chord[121]，其不能将语义相近的内容映射到位置临近的节点。为了解决类似问题，文献[101]将描述 Web 服务的多维向量映射到一维空间中，并根据一维空间地址找到实际物理节点。pService[99]采用 WSDL-S 描述服务，提出了基于 P2P 的服务发现模型，能够支持语义匹配和树型查询。文献[122]采用 RDF 三元组(triple)的形式描述 query 与 subscription。网络中的节点根据其所提供资源的语义内容被组织成一维语义空间，并被划分为不同的语义聚类(semantic cluster)。当有新的节点加入网络时，首先根据该节点所提供资源的三元组集，计算每个三元组所属的语义聚类，然后统计每个聚类所包含的三元组数目，选择包含数目最大的聚类加入。当有节点提出查询请求时，首先在该节点所在的聚类中进行匹配查找，其次选择相邻的聚类进行匹配操作。每个聚类设有两个阈值：$M_{\min}$ 和 $M_{\max}$。当聚类中包含的节点数目大于 $M_{\max}$ 时，该聚类需要被分割；而当聚类中 peer 的数目小于 $M_{\min}$ 时，则相关的多个聚类需要被合并。

文献[123]构建了一种层次化的摘要结构用于检索及发现信息。整个摘要结构分成了三个层次：单元层(unit level)、节点层(peer level)和超级节点层(super peer level)。摘要结构的建立过程包括：在单元层中通过向量空间模型(vector space model，VSM)[124,125]为每个文档生成一个向量 vd；在节点层中每个 peer 将该节点所包含的 vd 进行合并，生成节点向量词典 vp，并采用奇异值分解(singular value decomposition，SVD)技术进行维度化简；在超级节点层中，超级节点(super peer)将该节点接收到的所有向量词典 vp 进行合并，生成超级节点词典 vs，并采用 SVD 技术进行维度化简。当有节点提出查询请求时，请求首先经过超级节点进行解析，然后超级节点将查询请求转发到相关的超级节点处，经过其再次解析，找到相关联的节点，进而匹配获得满足服务需求的信息。

文献[100]使用 XML 文档描述服务与资源，采用广度优先过滤器和深度优先过滤器查询服务与资源。节点包含两种类型的 filter：local filter 用于描述节点所包含的文档信息；merged filter 用于描述邻居节点的信息。所有节点采用分层结构来组织，如图 2.2 所示，叶子节点只保存 local filter，非叶子节点保存本节点的 local filter 及邻居节点的 merged filter 信息，根节点需要保存其他根节点的信息。查询过程以自下向上方式进行，即首先查找 local filter，如果没有查找到结果则查找 merged filter，再将查询信息上传到父亲节点，若到达根节点仍然未得到匹配结果，则转到其他根节点进行匹配。

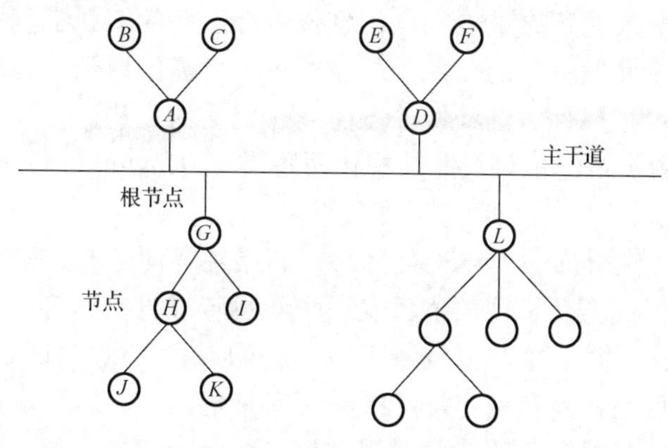

图 2.2 节点的分层结构

Web 服务技术的发展引起了研究者的广泛关注，但是被真正使用的 Web 服务却相对较少。Ran[126]指出这一现象产生的原因之一是现有 Web 服务缺少 QoS 描述信息。因此，他提出了一个带有 QoS 的 Web 服务发现模型，该模型基于 UDDI，并添加了一个 QoS 新控件——QoS Certifier。服务提供者通过 QoS Certifier 认证 QoS 信息，服务使用者向 QoS Certifier 核对 QoS 信息。该模型扩展了 UDDI，在基于功能函数(functional)的查找基础上，加入非功能函数(non-functional)的查找功能。

2.3 本章小结

面对网络中存在的海量信息，资源与服务的发现方法研究具有重要的意义。由于其在科学研究和商业应用等方面都有巨大价值，很多国家都在开展重点研究。目前的研究工作主要集中在将资源与服务发现和语义网技术及分布式 P2P 系统结构相结合[127-133]，力争实现一个高效的、灵活的、适用于异构环境的发现系统。

语义网的提出，改进了资源与服务的查询方法，能够支持实现模糊匹配。语义网提供了一种崭新的信息描述和知识表达手段，它描述的是具有共识的、概念化的事物，在实现语义层次上的知识共享、知识重用有着巨大优势。语义网的显著好处是能够让计算机具有对网络空间所存储数据执行智能评估的能力，进而使计算机像人类一样“理解”信息的含义，实现“智能代理”功能。

P2P 网络是一种分布式网络，在其中的网络参与者共享其所拥有的一部分硬件资源(处理能力、存储能力、网络连接能力等)，这些共享资源能被其他对等节点直接访问而无须经过中间实体。网络中的参与者既是服务与资源的提供者，又是服务与资源的获取者。P2P 网络具有非中心化(decentralization)的特点，即网络中的资源和服务分散在所有节点上，信息传输和服务的实现都直接在节点之间进行，无须中间环节和服务器的介入，从而避免了可能的瓶颈。同时，P2P 网络的非中心化特点在可扩展性、健壮性等方面具有明显的优势。

P2P 网络结构包括结构化与非结构化两种类型，Gnutella 与 Chord 分别是两种类型的代表。

Gnutella 属于全分布式非结构化网络，它是纯粹的分布式系统，没有索引服务器，采用了基于完全随机图的洪泛发现和随机转发机制。为了控制搜索消息的传输，Gnutella 通过生存时间(time to live，TTL)减值方式来实现消息传输。

该网络的缺点是在没有确定拓扑结构的支持情况下，无法保证资源发现的效率，即需要查找的目的节点存在，发现过程也可能失败。另外，由于采用 TTL、洪泛、随机漫步或有选择转发算法，其通信直径会存在不可控情况，可扩展性相对较差。

Chord 属于全分布式结构化的 P2P 网络，也是一种纯粹的 P2P 网络系统，没有中央服务器。Chord 基于关键词进行服务和资源的注册与查询，所采用的关键词是服务或资源经过哈希(Hash)后得到的 ID 编码值。

Chord 结构的最大问题是其维护机制较为复杂，尤其是节点频繁地加入与退出会造成网络波动，产生极大的维护代价。Chord 面临的另一个问题是仅支持精确关键词匹配查询，无法支持基于语义的模糊查询。

比较 Gnutella 和 Chord，两种方案中各自存在着一些不可处理的缺点，只有克服这些缺点，才能使分布网络得到更广泛的应用。

第 3 章　服务与资源一体化描述

随着网络中资源与服务的种类和数量呈爆发式增长，用户从海量信息中准确地查找资源与服务的需求变得日益迫切。因此，网络中信息的获取是当前互联网的重要应用之一。

网络中资源与服务不是孤立存在的，它们之间存在着很多潜在关联，但是在当前的互联网架构之下，资源与服务并没有统一的描述和处理机制，许多研究只是探讨了资源的查找或服务的查找，没有充分利用两者之间的联系。如果能够很好地发掘两者之间的关联，将会为用户提供便利、一体化的服务与资源处理机制，也能够减少同时运维服务和资源两套处理系统带来的网络资源占用。

服务与资源的统一描述是实现服务和资源一体化查询的首要任务，本章提出以本体为基础，将资源和服务通过属性关系联系起来的统一描述方法，为实现资源和服务的统一注册与查询奠定基础。

3.1　现有资源的描述、注册和查找

互联网上的资源，如超级文本标记语言(hyper text markup language，HTML)文档、图像、视频片段、程序等，是由通用资源标识符(URI)来标识的[134]。URI的作用是采用数字和字母组合唯一地标识元素或属性。它包括统一资源定位器(URL)和统一资源命名(uniform resource name，URN)。目前，URI 的最普遍形式是以无处不在的统一资源定位器(URL)体现的。URI 不能定位或读取/写入资源，这是统一资源定位器(URL)的任务；URI 一般不能为资源提供持久不变的名称，这是统一资源命名(URN)的任务。URN 是 URL 的一种更新形式，不依赖于位置，但是由于 URN 需要相对精密的软件支持，目前并没有普遍流行。同时，URN 也是一种 URI，其提供了全球唯一的、持久不变的标识，即使资源不再存在或不再使用 URN 的标识作用也仍然存在。

URI 包含三个部分：①访问资源的命名机制；②存放资源的主机名；③资源自身的名称，由路径表示。URI 的字符串以 scheme 和冒号开头，其语法形式如下：

```
[scheme:] scheme-specific-part
```

scheme 是一组命名 URI 名字空间的标识符，scheme-specific-part 的语法和语义由 URI 名字空间决定。如 http://www.cnn.com，其中，http 是 scheme；//www.cnn.com 是 scheme-specific-part。

URI 有绝对和相对之分，绝对 URI 指的是以 scheme(后面跟着冒号)开头的 URI。上面提到的 http://www.cnn.com 就是绝对 URI 的一个实例，其他实例还有 mailto:jeff@javajeff.com、news:comp.lang.java.help 和 xyz://whatever。绝对 URI 可看作一种不依赖标识出现环境的资源引用方式。如果以文件系统作类比，指向特定文件的绝对 URI 类似于从根目录开始指向访问目标文件的完整路径。

与绝对 URI 不同，相对 URI 不以 scheme(后面跟着冒号)开始，如 articles/articles.html。相对 URI 可看作一种依赖标识出现环境的资源引用方式。如果以文件系统作类比，指向特定文件的相对 URI 类似于从当前目录开始指向访问目标文件的路径。

广义来说，URL 是用来指出某项信息所在位置及存取方式的标识；狭义来说，URL 是在 WWW 上指明通信协议以及定位以访问使用网络上各式各样服务功能的字符串。

URL 由三部分组成：①协议(或称为服务方式)；②存有资源的主机 IP 地址(可包括端口号)；③资源在主机内部的具体地址，如目录和文件名等。其中，第一部分和第二部分之间用“://”符号隔开，第二部分和第三部分用“/”符号隔开。第一部分和第二部分是不可缺少的，第三部分有时可以省略。其一般形式为：scheme://host:port/path?query#fragment。其中，scheme 表示协议；host 表示主机名；port 表示端口号；path 表示资源主机内部的路径；query 为可选参数，在动态网页中用于传递查询参数；fragment 是信息片断，用于指定目标网络资源。

虽然资源可以用统一标识符来表示，但不同资源之间存在属性差异(如一个 HTML 文档和一段视频存在显著差别)，导致资源的注册和查找方法并不统一。目前，大部分资源都是以 HTTP 服务器上的 URL 链接形式出现的，即以被动方式实现的注册，仅能等待 URL 被用户搜索到方可为用户采用。另外，还有以其他协议形式注册的资源，如文件传输协议(file transfer protocol，FTP)和比特流(bit torrent，BT)，其发布大多数也需要通过 HTML 网页实现。

资源的注册方式简单，有些甚至只是通过在网页上发布链接即可实现，增加了对资源进行查找的难度，使得用户需要经过多次 URL 链接跳转才能找到所需的资源。在此背景下，搜索引擎得以发展，并逐渐成为在互联网中查找资源的工具。

3.2　服务描述、注册与查找的原理过程

3.2.1　服务的描述

当前，互联网提供的服务种类繁多，并且形式存在差异。如会话发起协议(session initiation protocol，SIP)电话、视频会议等，都会有专有的客户端和服务器。在提供服务的过程中，其采用专有通信协议传输特定内容。可见对于现有网络来说，服务并没有统一的描述方式。

Web 服务作为 WWW 中重要的服务类型，采用专门的描述语言——网络服务描述语言(web services description language，WSDL)，以实现对服务的描述。WSDL 采用 XML 文档描述 Web 服务并说明与 Web 服务通信的标准，是 Web 服务的接口定义语言，由 Ariba、Intel、IBM、MS 等共同提出。WSDL 主要描述了 Web 服务的三个基本属性：①服务做些什么——服务所提供的操作(方法)；②如何访问服务——与服务交互的数据格式以及必要的协议类型；③服务位于何处——与协议相关的地址，如 URL。

WSDL 文档将 Web 服务定义为服务访问点或端口的集合。在 WSDL 中，由于服务访问点和消息的抽象定义已从具体的服务部署或数据格式绑定中分离出来，所以可以对抽象定义进行再次使用。如图 3.1 所示，WSDL 文档在 Web 服务的定义中使用下列元素。

import：用于使当前文档调用其他 WSDL 文档中特定空间中的定义，以实现扩展。

type：定义了 Web 服务使用的所有数据类型集合，可被元素的各消息部件所引用。type 是数据类型定义的容器，包含了所有在消息定义中需要的 XML 元素的类型定义。

message：通信消息数据结构的抽象类型化定义。使用 type 包含的数据类型来定义整个消息的数据结构。message 具体定义了在通信中消息的数据结构。message 元素包含了一组 part 元素，每个 part 元素都是最终消息的一个组成部分，每个 part 都会引用一个 dataType 来表示它的结构。part 元素不支持嵌套(可以使用 dataType 实现嵌套需求)，仅以并列方式出现。

operation：对服务中所支持操作的抽象描述。一般单个 operation 描述了一组访问入口的请求/响应消息对。

interface：对于访问入口点类型所支持操作的抽象集合，这些操作可以由一个或多个服务访问点来支持。interface 具体定义了服务访问入口的类型，即为传入/

传出消息的模式及其格式。一个 interface 可以包含若干个 operation，每个 operation 是指访问入口支持的一种类型的调用。在 WSDL 里面支持四种访问入口调用模式：单请求、单响应、请求/响应、响应/请求。

binding：包含了将抽象接口的元素(interface)转变为具体表示的细节。具体表示是特定数据格式和协议的结合，即特定端口类型的具体协议和数据格式规范的绑定。其结构定义了某个 interface 与某一种具体的网络传输协议或消息传输协议相绑定。从这一层次开始，描述的内容与具体服务的部署具有相关性。例如，可以将 interface 与 SOAP/HTTP 绑定，也可以将 interface 与 MIME/SMTP 绑定。

port：定义为协议/数据格式绑定与具体 Web 访问地址组合的单个服务访问点。其描述的是一个服务访问入口的部署细节，包括通过哪个 Web 地址(URL)访问服务，应当使用怎样的消息调用模式来访问等。其中，消息调用模式则使用 binding 结构来表示。

service：代表端口的集合，是相关服务访问点的集合。其描述的是一个被具体部署的 Web 服务所提供的所有访问入口的部署细节，一个 service 往往会包含多个服务访问入口，而每个访问入口都会使用一个 port 元素来描述。

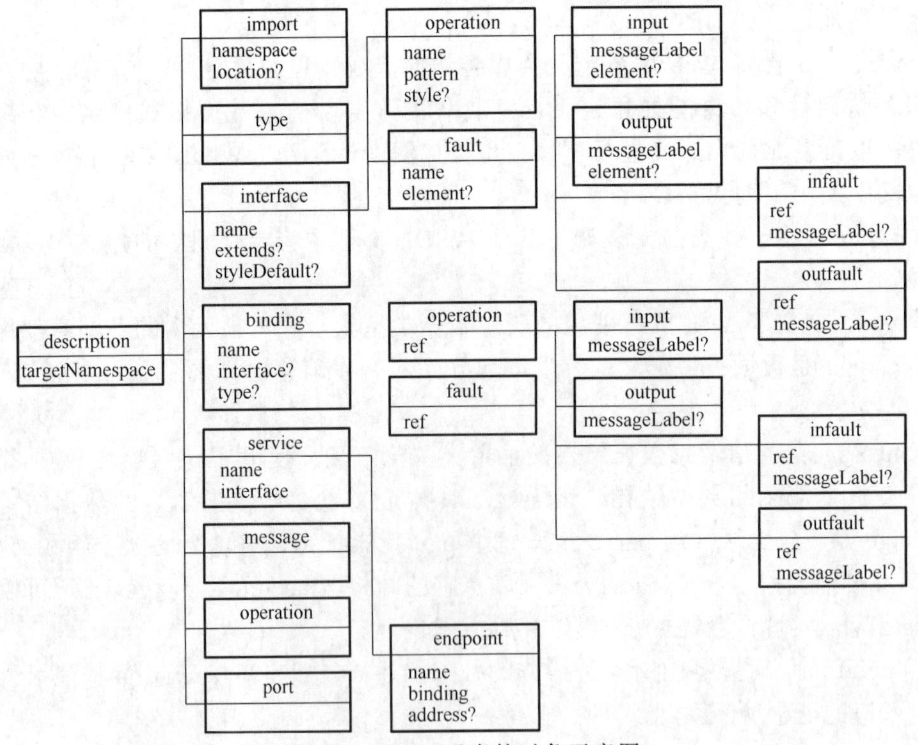

图 3.1 WSDL 元素的对象示意图

由以上元素的定义和特点可知，interface 将 message 和 type 元素的细节相结合描述了 Web 服务是什么，binding 元素描述了如何使用 Web 服务，而 port 及 service 元素描述了 Web 服务的位置。

要实现 Web 服务发现、调用和组装的自动化，需要解决两个关键问题。第一，如何发现服务。由于服务的功能无法依靠若干关键词完整表达，所以服务发现不能仅仅依赖关键词搜索，而需要按照服务所提供的功能搜索，以此才能找到满足用户需求的服务。第二，服务调用和服务组装自动化需要基于语义的互操作[135-137]才能实现。换言之，服务之间必须能够理解互相交换的信息。即使一个服务的输出参数和另一个服务的输入参数名字相同，类型也相同，也不应将其简单连接映射，因为两个同名参数的含义可能并不相同。

目前，语义 Web 服务[138-140]主要采用基于 Ontology 的方法来描述 Web 服务，通过带有语义信息的描述来支持实现 Web 服务的自动发现、调用和组装。语义网和 Web 服务是语义 Web 服务(semantic web services)的两大支撑技术。OWL-S 是连接两大技术的桥梁，目前语义 Web 服务的研究主要围绕 OWL-S 展开。

OWL-S 是由多家机构的研究人员联合提出的用于描述 Web 服务的本体，它既可以描述一个简单 Web 服务，也可以描述一个复杂 Web 服务(即由多个简单 Web 服务组成的 Web 服务)。对于复杂 Web 服务，用户和服务之间会保持交互与会话，以便用户做出相应选择，提供条件性参数信息，该过程均需要 OWL-S 提供描述支持。OWL-S 的设计目标即要实现服务自动发现、自动调用、自动组装和自动监控。

OWL-S 包括三个重要部分：Profile、Process 和 Grounding。Service 类是对一个声明了的 Web 服务的结构化引用，每个 Service 实例对应一个发布的服务，而 presents、describedBy 和 supports 作为 Service 类的三个属性分别将值域映射为 ServiceProfile、ServiceModel 和 ServiceGrounding。ServiceProfile 表明服务做了什么；ServiceModel 表明服务是如何工作的；ServiceGrounding 指明了如何访问当前服务的细节，如图 3.2 所示。

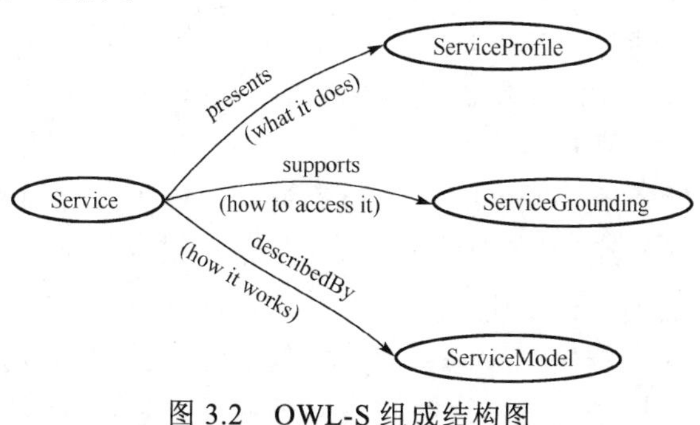

图 3.2　OWL-S 组成结构图

ServiceProfile——Web 服务执行过程中需要三方参加：服务请求者、服务提供者和基础组件。在互联网环境下，服务请求者需要依托一些基础组件(如注册处)找到其所需要的服务。注册处的角色在于帮助请求者和提供者就服务需求做出匹配。在 OWL-S 框架中，ServiceProfile 描述服务提供者提供的服务和服务请求者所需的服务；Profile 将服务描述为一个具有三种类型信息的功能实体：哪个组织提供了该服务、该服务提供了什么功能，以及一组服务特征的属性。

ServiceModel——对于服务如何工作而言，服务通常看作一个过程(process)。process Ontology 中最主要的实体类型是 process；process 的属性有 hasParameter、hasInput、hasOutput、hasPrecondition、hasEffect，它们的值域分别是 Parameter、Input、ConditionOutput、PreCondition、ConditionEffect。process 分为三种类型：AtomicProcess 可以直接被调用，对于每个 AtomicProcess，必须提供 Grounding 信息以构造传递的消息；SimpleProcess 不可调用，也无须对应的 Grounding 信息，其一般作为元素的抽象表述，或者提供 AtomicProcess 视图，或者提供对 CompositeProcess 的简化表达；CompositeProcess 能够被分解为其他组合的或者非组合的 process，分解可以通过一些控制结构来具体实现。

ServiceGrounding——指定了如何访问服务的细节。这些细节主要包括协议和消息的格式、序列化和定位等。一个 Grounding 可以看作从服务描述元素的抽象定义到具体实现的映射，最主要的就是一个原子过程的输入与输出。

OWL-S 选择了已有的 WSDL 工业标准描述实现规范，其采用的 Grounding 概念和 WSDL 的 binding 概念是一致的。

3.2.2　服务的注册与查找

对于服务的注册，每种服务都有自身特定的注册方法，其方法应该在其对应协议中明确。注册的方法基本可以分为两类：第一类是有专门注册服务器的注册方法；第二类是没有注册服务器的注册方法，如利用广播通告的方式进行注册。

服务的查找也是基于系统内部的注册方式相应确定的。对于有专门注册服务器的系统，服务查找是采用主动发现式的查找方式；而对于没有专门注册服务器的系统通常采用被动的查找方式。

在互联网上进行资源、服务的注册与查询时，由于资源和服务的关系缺少明确的定义划分，其通常通过人工辨识来区分判断，用户很难也没有必要自行区分所需要的是一个资源还是一次服务，或者是两者的混合。例如，在一次 SIP 电话通话过程中，其通常被看作一次语音服务，但如果将其视为资源，通话端只需获得该资源的一些参数(SIP 电话号)即可找到该服务，据此可以认为建立连接的过程是一个资源搜索过程(在不涉及后面的通话过程的情况下)。又如，当用户需要查找天气预报这一资源时，实际调用的是Web服务应用实例中的天气预报服务，用户输入地名与时间，经过服务调用，得到相应的天气情况作为输出(如 HTML 文档)。可见，用户的查询过程既包括对服务的操作，也包括对资源的操作。

综上，划分服务和资源的注册信息并单独地开展注册与查找是相对困难的，存在对互联网资源和服务进行统一描述的迫切需求，以方便开展服务和资源的注册与查询。

3.3 基于语义网的服务与资源一体化描述

为了便捷、统一地对网络资源和服务进行注册与查询，语义网被引入用以对网络资源和服务进行统一描述。语义网并不是一种全新的网络，它的目的是使其内在包含的信息拥有明确定义的语义，这种语义主要是针对机器而言的。网络是一个可导航的空间，在其中的每一个 URI 都映射到一个资源。语义网的层次化结构主要包括 Unicode、URI、XML+NS+xmlschema、RDF+rdfschema、Ontology、Logic、Proof、Trust 等几个层次。其中，Unicode 是字符编码的统一标准；URI 是网络资源的标识形式；XML(可扩展标记语言)定义了结构化的数据传输格式，但它不包含任何语义；NS(namespace)为命名空间，它将同名但意义不同的资源放在不同的名字空间里实现区分；xmlschema 统一了 XML 数据格式的规范；RDF(资源描述框架)是语义描述的基础，它定义了描述资源以及陈述事实的基本方式；rdfschema 是一种 RDF 词汇描述语言，在 RDF 之上定义了一个最小的语义模型以支持复杂词汇的建模；Ontology(本体)是一种明确的语义定义方式，借助 Ontology 机器可以理解数据的语义，从而可以处理一些以前都需要人工才能完成的事情。基于上述多层架构，语义网可以完成 Logic(逻辑)、Proof(证明)、Trust(认证)等功能。

本体作为一个概念，可以用多种语言进行具体描述，本书选择以 OWL 表达本体为基础对服务与资源进行统一描述。OWL 是由 W3C 组织提出的一种本体描述语言，可以用来描述 Web 文档及应用中内在的类及其关系。OWL 提供了三种表达能力依次递增的语言子集，分别是 OWL Full、OWL DL 和 OWL Lite。三个语言集合的限制由少到多，其表达能力依次下降，但可推理能力依次增强。类、个体和属性是 OWL 中三个重要的基本概念。

类为具有相似特征的资源提供了一种抽象方式，一个领域中的最基本概念应分别对应于各个分类层次树的根。OWL 中的所有个体都是类 owl:Thing 的成员。因此，各个用户自定义类都隐含地是 owl:Thing 的子类。要定义特定领域的根类，只需将其声明为一个类即可。可以用 owl:Class 创建类，用 rdfs:subClassOf 构造类的层次关系。

```
<owl:Class rdf:ID="EdibleThing"> ... </owl:Class>
<owl:Class rdf:ID="Pasta">
    <rdfs:subClassOf rdf:resource="#EdibleThing" />
</owl:Class>
```

第一行定义了一个名为 EdibleThing 的类，后续的三行说明 Pasta 类是 EdibleThing 类的子类。

在描述类的同时，OWL 还被用于描述类的成员。通常情况下，类的成员是给定描述范畴中的一个个体。rdf:type 是一个 RDF 属性，用于关联给定个体和其所属的类。

```
<owl:Thing rdf:ID="CentralCoastRegion" />
<owl:Thing rdf:about="#CentralCoastRegion">
     <rdf:type rdf:resource="#Region"/>
</owl:Thing>
<Region rdf:ID="CentralCoastRegion" />
```

前四行以 rdf:type 定义了一个 Region 类的个体 CentralCoastRegion，最后一行是该个体的一个简单描述方式，它和前四行的描述效果是一样的。

本体中的属性定义能够支持实现关于类成员的一般事实以及关于个体的具体事实的断言。属性有两种类型：对象属性和数据类型属性。前者反映了两个类的实例间的关系，后者反映了类实例与 RDF 文字或 XML Schema 数据类型间的关系。一个属性有其定义域和值域，定义域说明了给定属性所属的类，值域指明了可以作为给定属性取值的类。

```
<owl:ObjectPropertyrdf:ID="madeFromGrape">
     <rdfs:domain rdf:resource="#Wine"/>
     <rdfs:range rdf:resource="#WineGrape"/>
</owl:ObjectProperty>
<owl:DatatypeProperty rdf:ID="yearValue">
     <rdfs:domain rdf:resource="#VintageYear"/>
     <rdfs:range rdf:resource="&xsd;positiveInteger"/>
</owl:DatatypeProperty>
```

前四行定义了一个对象属性，其定义域是 Wine，其值域是 WineGrape。后四行定义了一个数据类型属性，其定义域是 VintageYear，其值域是正整数。属性按其特性可以分为传递属性、对称属性、函数型属性、反函数型属性、逆属性。

3.4　基于本体的服务与资源一体化描述

为了向用户提供更加便利、统一的服务与资源处理机制，本书提出了一种基于本体的服务与资源一体化描述方法,其中涵盖了对资源的分类和对服务的分类,以及对一些相关参数的分类。资源和服务之间通过一定的属性关系实现关联。以此,可以通过一般的认知来区分网络中的资源和服务，并在一次注册或查询的过程中兼顾两者的关系及其特有的属性特征。该方法并不是要把网络资源和服务统一为相同形式，因为资源和服务的本质特性还是有区别的，而且随着互联网的发展其自身形式也越来越丰富，种类越来越多，仅为追求形式上的统一则会影响注册和发现。对于统一的注册中心来说，要注册的是资源还是服务需要加以考虑。利用基于本体的方法将资源和服务以网状的形式关联起来，能够向用户提供更为全面的资源和服务。

如图 3.3 所示，一体化描述本体中，包括三种主要的类，即 network_service、network_resource 和 QoS。network_service 代表服务类，network_resource 代表资源类，QoS 代表服务质量类。

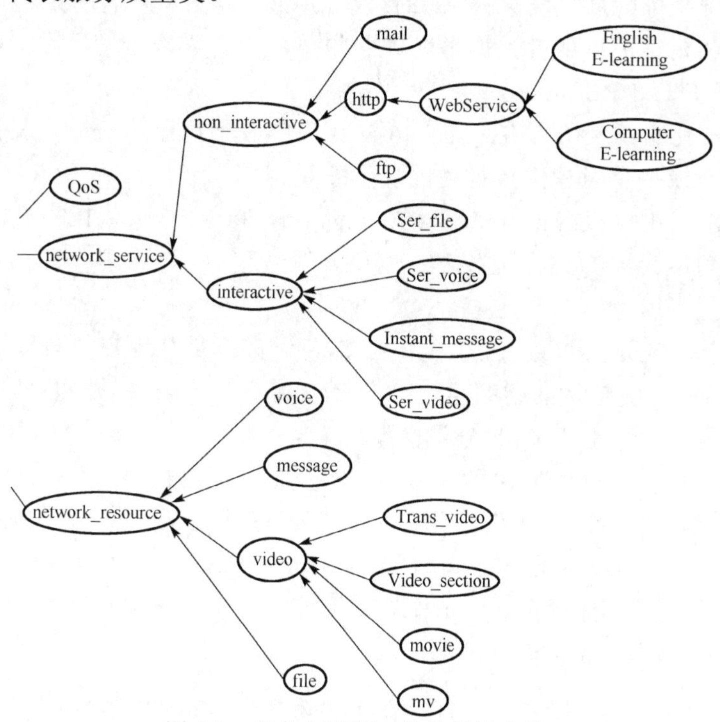

图 3.3　服务与资源一体化描述本体

在对服务进行分类的时候，现有的网络服务被划分成交互式(interactive)与非交互式(non-interactive)两大类。交互式服务用于支持用户之间的交互，如基于互联网协议的语音传输(voice over internet protocol，VoIP)和聊天服务；非交互式服务用于支持用户与服务器之间的交互。交互式服务又可以根据交互内容的不同进行划分，包括即时消息(instant_message)、文件(file)、语音(voice)、视频(video)等。非交互式服务可以通过服务器类型来划分子类，包括 http、ftp、mail 等，子类中还可以进一步包括其他子类，这些子类可以随着互联网的发展相应持续扩充。扩充的方法可以通过向当前本体中直接添加子类实现，也可以通过将其他领域本体合并到当前本体中来实现。与之相对地，资源按照类型可以分为消息(message)、文件(file)、语音(voice)、视频(video)等，而每个类又可以进一步分成不同的子类。

资源与服务间的关系通过属性 via 及属性 has_resource 来建立。via 属性用于表示资源由哪种服务提供，其定义域是 network_resource，值域是 network_service；has_resource 属性表示提供给定服务需要伴随得到的资源是什么，其定义域是 network_service，值域是 network_resource。

服务质量类只与服务类关联，两者之间通过属性 has_QoS 实现联系，其定义域为 network_service，值域为 QoS。

QoS 代表服务的质量信息，不同的组织对 QoS 提出了不同的定义。ITU-T QoS 研究组给出的定义为：QoS 是服务性能的集体效应，它决定了用户对服务的满意程度(来源于 ITU-T R.E.800 文档)[141,142]。

国际标准化组织在 ISO/IEC 10746-2 中对 QoS 给出了另一种定义：QoS 是一组关系到一个或多个对象集体行为的质量度量[143]。

互联网工程工作组(The Internet Engineering Task Force，IETF)在 RFC 2386 中从另一个角度给出 QoS 的定义：在网络传输过程中，QoS 是一组服务需求被满足的程度度量[144]。

通过分析上述定义可以发现，ITU-T QoS 研究组是从用户的角度对 QoS 进行定义的，而 IETF 则是从网络的角度给出 QoS 定义的。表 3.1 为 ITU-T QoS 研究组提出的以用户为中心的 QoS 分类模型。

如表 3.1 所示，ITU-T 用两项指标(容错性和延迟性)将服务分成 8 个不同的组，每个组包含不同范围的应用。其中，容错性(error tolerance)分为两种类型：可容错(error tolerant)与不可容错(error intolerant)；延迟性(delay)分为四种类型，分别是：交互型(interactive)、反馈型(responsive)、时序型(timely)及对时间不敏感型(non-critical)。

表 3.1　ITU-T G.1010 中以用户为中心的 QoS 分类模型

	可容错	不可容错
交互型 (延迟 ≪1s)	命令/控制 (如远程登录、游戏交互)	语音及视频会话

续表

	可容错	不可容错
反馈型（延迟约 2s）	事务处理（如电子商务、网页浏览、电子邮件）	视频及语音消息
时序型（延迟约 10s）	传输及下载（如文件传输服务、静态图片展示）	音频流及视频流
对时间不敏感型（延迟 ≫10s）	后台执行任务（如新闻组）	传真

服务与资源一体化描述本体中，从网络的角度对服务质量进行分类，即实现 QoS 的划分[145,146]。

从网络的角度，QoS 属性主要包括延迟性（latency）、正确性（accuracy）、可靠性（reliability）、有效性（availability）、承载力（capacity）、可扩展性（scalability）、代价（cost）等。图 3.4 为服务与资源一体化描述本体中 QoS 类的结构图，其主要包括了七个对象属性类，每个对象属性又包括了不同的数据属性值（即不同的值域）。

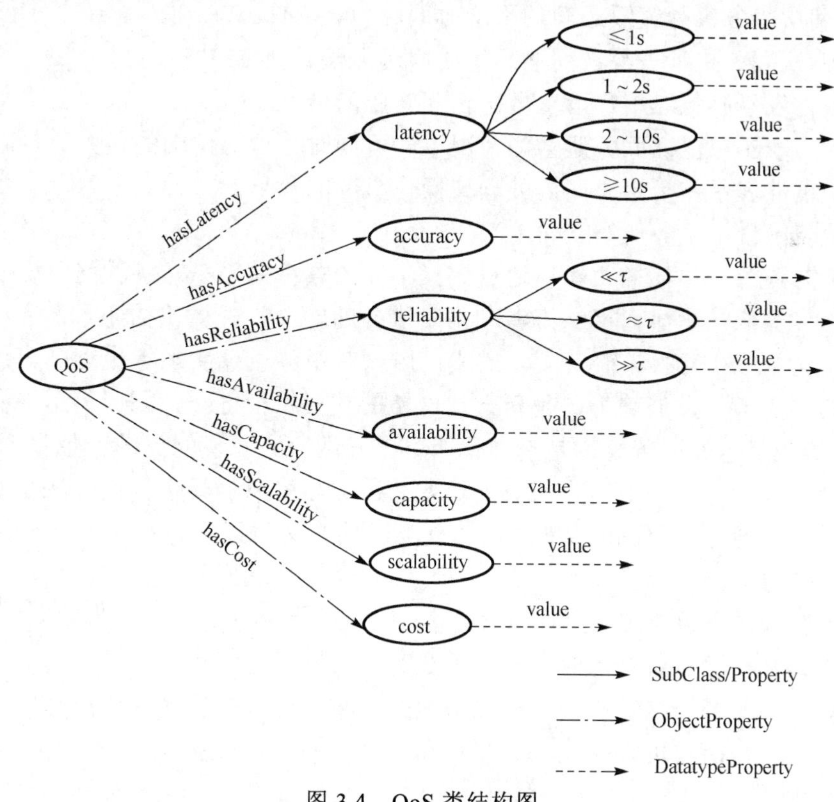

图 3.4　QoS 类结构图

延迟性是对服务请求到达时间与服务开始被执行时间的间隔度量。与表 3.1 中的延迟性相对应，其主要分为四个类别。

(1) 延迟远小于 1s(适用于交互型服务)。

(2) 延迟在 1～2s(适用于反馈型服务)；

(3) 延迟在 2～10s(适用于时序型服务)；

(4) 延迟远大于 10s(适用于对时间不敏感型服务)；

正确性代表服务成功完成的比率。

可靠性表示在一定时间段内以及给定条件下，服务完成自身功能所需要的能力。可靠性通过三个指标来测量：两次失败间隔的平均时间(mean time between failures，MTBF)；从服务开始执行到失败的平均时间(mean time to failure，MTTF)；服务状态变迁的平均时间(mean time to service status transition，MTTT)。本书以 MTBF 为标准对可靠性进行评测，并将其分为三个等级。其中，τ 为给定的阈值。

(1) 两次服务执行失败之间的平均时间远小于 τ（$\mathrm{MTBF} \ll \tau$）。

(2) 两次服务执行失败之间的平均时间约为 τ（$\mathrm{MTBF} \approx \tau$）。

(3) 两次服务执行失败之间的平均时间远大于 τ（$\mathrm{MTBF} \gg \tau$）。

有效性表示服务对用户请求做出正确响应的概率。

承载力表示在保证服务质量的情况下，可同时处理的请求的最大数目。

可扩展性表示在给定时间内处理或操作事务的数目。

代价表示使用服务所需支付的费用。

服务与资源一体化描述本体通过定义不同的属性关系来对各种网络资源与服务建立统一关联。除了对网络资源和网络服务的定义，一体化描述本体还提供了对服务质量(QoS)类的详细定义与描述，用以对服务质量实现等级划分，以适应未来网络中服务的发展趋势，是新一代网络的重要特征之一，因此为用户提供带有 QoS 等级信息的服务查询是新一代网络中开展服务发现的关键。带有 QoS 的服务发现可以满足网络中用户的更高要求。服务与资源一体化描述方法是服务与资源一体化发现方法研究的基础，QoS 分类属性定义与划分是实现带有 QoS 信息的服务发现方法的前提。

基于服务与资源的统一描述本体，用户可通过模糊查询得到更为适用的信息。当用户查询某种服务或资源时，不再仅是基于关键词匹配进行简单搜索，而是利用服务和资源的统一描述机制，按照检索需求将使用频度较高的资源与服务信息反馈给用户，从而实现方便化、智能化和语义化的用户服务。

3.5 本 章 小 结

本书从用户的角度出发，将其在网络上的查询意图分为两种：一种是期望获得互联网的特定资源，另一种是期望获得某个具体服务。本章通过分析现有网络中服务与资源的描述、注册及查找方法所存在的限制，提出了基于本体的描述方法，即采用机器可以理解的语言来统一描述服务与资源，通过属性关系对各种网络资源与服务建立统一关联，实现对服务及资源的描述。本章所陈述的内容是实现服务和资源一体化注册及发现的前提与基础。

第 4 章　带有 QoS 的语义服务描述及发现方法

服务与资源的显著区别在于，服务有相应的输入(input)、输出(output)、前提(precondition)和效用(effect)。输入指的是用户在使用服务时需要提供必要的参数信息；输出是指服务完成后会产生的相应结果；前提指的是服务的执行需具备的特定条件；效用表示服务执行完成后会产生相应的状态改变。相对而言，资源则没有上述四个必要组成部分。服务自身业务细节存在差异，因此，在采用服务与资源一体化描述本体实现服务发现的同时，还需要对应服务配置相关描述方法。

目前，很多服务发现方案选择采用关键词匹配技术实现检索匹配。此类方法可能会向用户返回很多不相关的结果，难免需要用户手动甄别选择。为了实现带有语义的服务发现方法，W3C 提出了 OWL-S，采用基于本体 OWL 的语言对服务进行描述，使其具备机器可以理解的语义信息。OWL-S 包括三种类型的信息：ServiceProfile(描述服务是做什么的)，ServiceModel(描述服务是如何工作的)，ServiceGrounding(描述如何调用该服务)。其中，ServiceProfile 用来实现服务的发布、查找和匹配，其具体描述了服务的基本功能，以实现服务发现过程的基本能力匹配，其中的基本能力包括服务的输入、输出、前提和效用(即 input-output-precondition-effect，IOPE)[139]。

区分服务质量等级是未来网络中开展服务应用的发展趋势，是新一代网络的重要工作之一，可见为用户提供带有 QoS 等级信息的服务查询是新一代网络中开展服务查询的关键。本章提出将 QoS 信息加入 Service Profile 中，使服务描述本体中包含服务质量等级信息，并将其称为 OWL-QoS。因此，对于功能相同的服务，可以使用 QoS 匹配[147]来细化查询结果。

基于 OWL-QoS，本章提出了带有 QoS 信息的服务匹配算法。实验验证表明，本章提出的匹配算法能够有效地满足用户的需求，提高服务的查准率。

4.1　带有 QoS 的语义服务描述——OWL-QoS

在 OWL-S 框架中，ServiceProfile 用于描述服务的提供者，以及其所提供的服务，即服务请求者所需的服务。ServiceProfile 中包含了三种类型的信息：哪个组织提供了当前服务、当前服务提供了什么功能，以及一组服务特征的属性。服务的功能描述了服务所需要的输入、产生的输出、要满足服务执行所需要的前提，以及服务完成后所产生的结果。服务的特征包括服务的分类信息、服务的质量信息等。在 ServiceProfile 包含的信息中，服务的提供者及服务的特征属于非功能性描述信息，服务的功能属于功能性描述信息。

OWL-S 通过 ServiceProfile 支持服务的自动发现，它提供了服务的基本能力匹配。图 4.1 展示了 Profile 本体模型结构，它包括四个组成部分：第一部分描述了连接 ServiceProfile 类与 Service 类之间关系的两种属性；第二部分描述了服务的联系信息，其通常是人类可读，但机器不可读的；第三部分提供了服务的功能描述；第四部分介绍了 Profile 本体的属性。

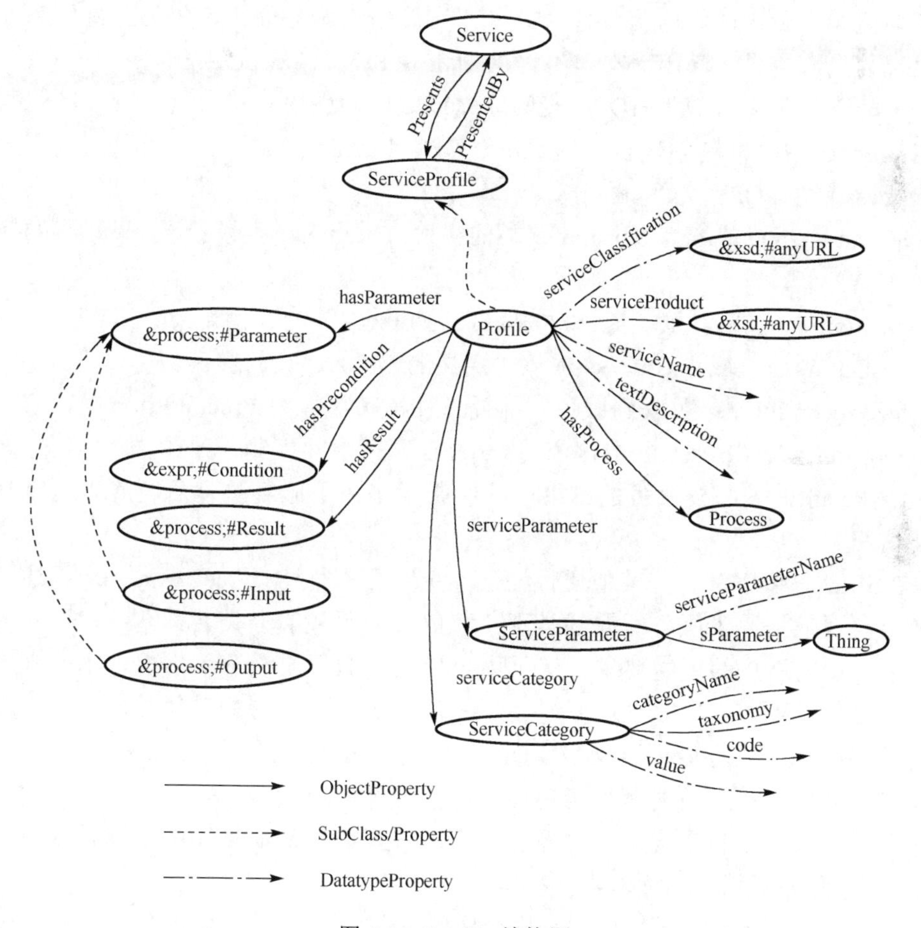

图 4.1　Profile 结构图

ServiceProfile 类是 Service 类的子类。两者之间存在两种属性关系：presents 和 presentedBy。presents 描述了服务实例与 Profile 实例之间的关系，其说明了服务是由 Profile 实现描述的。presentedBy 与 presents 相对应，表明给定 Profile 对应描述了一个具体的服务。

Profile 的部分属性仅能被人类解读，但是由于其不能被机器识读，这些属性不能通过机器自动处理。例如，serviceName、textDescription 和 contactInformation 等。一个 Profile 最多可以含有一个服务的名字(serviceName)和文档描述(textDescription)，但可以包括多个联系信息(contactInformation)。其中，属性 serviceName 描述了服务的一个标识；属性 textDescription 提供了服务的简要描述；属性 contactInformation 描述了服务的提供者或组织名称。

服务的功能性描述是 Profile 的关键部分，其表述了服务的功能以及为了实现服务功能所需要提供的前提条件。此外，它还指出服务计划产生的正确结果及可能出现的失败结果。Profile 本体不提供描述 IOPE 实例的机制，而由 process 本体提供。process 描述了所有 IOPE 实例，Profile 可以引用这些实例，Profile 也可以使用 process 中的机制创建自己的 IOPE 实例。Profile 定义了以下五种属性用于连接 process 中的 IOPE 实例(图 4.1)。

hasParameter：值域为 Parameter 类的实例，Parameter 类包括了 Input 与 Output 两个子类。

hasInput：值域为 process 本体中定义的 Inputs 类的实例。

hasOutput：值域为 process 本体中定义的 Outputs 类的实例。

hasPrecondition：关联到服务的前提条件，其值域为 Precondition 类的实例，Precondition 类是由 Profile 本体调用 process 本体中的机制创建的。

hasResult：关联到服务的结果类。结果类描述了服务执行后所产生的定义域变化情况。

Profile 本体还有一些其他属性信息，由对象属性 ServiceParameter 描述。服务的分类属性描述了服务所属的类别，其值域为服务的分类名称。

为了实现用户的更高要求，满足用户提出的服务质量等级需求，本书提出将服务质量信息加入 Profile 本体中，扩展 Profile 本体原有的描述能力，并将通过此种扩展服务描述本体称为 OWL-QoS。与传统的服务描述方法相比，带有 QoS 的服务描述本体能够更清楚地描述服务的信息及用户的需求。对于功能相同的服务，用户可以根据自身支付能力及实际需求选择适用的质量服务。此种服务描述方式具备更加灵活、更加便利等特点。

QoS 的定义及分类属性已在前面介绍过。图 4.2 展示了一个带有 QoS 的 Service Profile 模型，对象属性 hasQoS 连接了 Profile 类与 QoS 类。QoS 类引用了服务与资源一体化描述本体中 QoS 类的定义及描述。

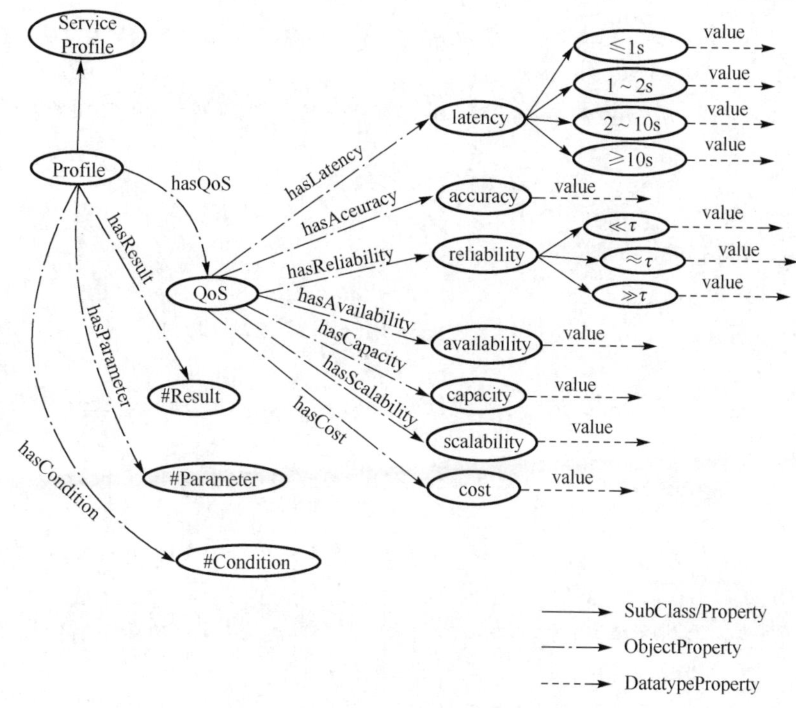

图 4.2　OWL-QoS 的结构模型

在此，本书以 car_price_service.owls 本体为例，提供了一个具体的 OWL-QoS 本体实例。该本体所描述的服务功能是提供给定轿车的价格查询，其输入与输出分别引用了过程本体 process 中的 CAR 与 PRICE 定义。QoS 的描述信息来自服务与资源一体化描述本体 Universal_ontology.owl 中 QoS 类的相关描述。car_price_service.owls 包含了三个 QoS 信息：延迟性(latency)，设置为 1，表示该服务与用户交互过程中的延迟时间要小于 1s；正确性(accuracy)，设置为 0.7，表示该服务向用户提供轿车价格查询结果的正确率要大于等于 0.7；可靠性(reliability)，设置为 2，表明该服务两次执行失败之间的平均时间 MTBF 约为阈值 τ 。

```
<?xml version="1.0" encoding="WINDOWS-1252"?>
<rdf:RDF xmlns:owl = "http://www.w3.org/2002/07/owl#"
         xmlns:rdfs = "http://www.w3.org/2000/01/rdf-schema#"
         xmlns:rdf = "http://www.w3.org/1999/02/22-rdf-syntax-ns#"
         xmlns:service = "http://www.daml.org/services/owl-s/1.1/Service.owl#"
         xmlns:process = "http://www.daml.org/services/owl-s/1.1/Process.owl#"
         xmlns:profile = "http://www.daml.org/services/owl-s/1.1/Profile.
         owl#"
```

```
    xmlns:grounding = http://www.daml.org/services/owl-s/1.1/
        Grounding.owl#
    xmlns:universal="http://www.owl-ontologies.com/ Universal_
        ontology.owl #">
    xml:base = "http://127.0.0.1/services/1.1/car_price_service.
        owls">

<owl:Ontology rdf:about="">
    <owl:imports rdf:resource="http://127.0.0.1/ontology/Service.
        owl" />
    <owl:imports rdf:resource="http://127.0.0.1/ontology/Process.
        owl" />
    <owl:imports rdf:resource="http://127.0.0.1/ontology/Profile.
        owl" />
    <owl:imports rdf:resource="http://127.0.0.1/ontology/Grounding
        .owl" />
    <owl:imports rdf:resource="http://127.0.0.1/ontology/my_ontology.
        owl" />
    <owl:imports rdf:resource="http://127.0.0.1/ontology/concept.
        owl" />
    <owl:imports rdf:resource="http:// 127.0.0.1/Universal_ontology.
        owl " />
</owl:Ontology>

<service:Service rdf:ID="CAR_PRICE_SERVICE">
    <service:presents rdf:resource="#CAR_PRICE_PROFILE"/>
    <service:describedBy rdf:resource="#CAR_PRICE_PROCESS_MODEL"/>
    <service:supports rdf:resource="#CAR_PRICE_GROUNDING"/>
</service:Service>

<profile:Profile rdf:ID="CAR_PRICE_PROFILE">
    <service:isPresentedBy rdf:resource="#CAR_PRICE_SERVICE"/>
    <profile:serviceName xml:lang="en">car price service</profile:
        serviceName>
    <profile:textDescription xml:lang="en">This service returns
        the price of a car.
    </profile:textDescription>
    <profile:hasInput rdf:resource="#_CAR"/>
    <profile:hasOutput rdf:resource="#_PRICE"/>
```

```
   <profile:has_process rdf:resource="CAR_PRICE_PROCESS"/>
</profile:Profile>


<process:ProcessModel rdf:ID="CAR_PRICE_PROCESS_MODEL">
   <service:describes rdf:resource="#CAR_PRICE_SERVICE"/>
   <process:hasProcess rdf:resource="#CAR_PRICE_PROCESS"/>
</process:ProcessModel>

<process:AtomicProcess rdf:ID="CAR_PRICE_PROCESS">
   <process:hasInput rdf:resource="#_CAR"/>
   <process:hasOutput rdf:resource="#_PRICE"/>
</process:AtomicProcess>

<process:Input rdf:ID="_CAR">
   <process:parameterType
      rdf:datatype="http://www.w3.org/2001/XMLSchema#anyURI">
      http://127.0.0.1/ontology/my_ontology.owl#Car</process:
         parameterType>
   <rdfs:label></rdfs:label>
</process:Input>

<process:Output rdf:ID="_PRICE">
   <process:parameterType rdf:datatype="http://www.w3.org/2001/
      XMLSchema#anyURI">
   http://127.0.0.1/ontology/concept.owl#Price</process:parameter-
      Type>
   <rdfs:label></rdfs:label>
</process:Output>

<universal:Latency>
   <universal:classified_for_latency>1</universal:classified_
      for_latency >
</universal:Latency>

<universal:Accuracy>
   <universal:classified_for_accuracy>0.7</universal:classified_
      for_latency >
</universal:Accuracy>

<universal:Reliability>
```

```
    <universal:classified_for_reliability>2</universal:classified_
       for_ reliability >
  </universal:Latency>

  <grounding:WsdlGrounding rdf:ID="CAR_PRICE_GROUNDING">
     <service:supportedBy rdf:resource="#CAR_PRICE_SERVICE"/>
  </grounding:WsdlGrounding>
</rdf:RDF>
```

4.2　带有 QoS 的语义服务发现

在服务发现过程中，匹配算法尤为关键。某些服务的匹配算法采用精确匹配原则，即当查询请求与发布的服务描述完全相同时匹配才算成功，由于匹配标准过于苛刻，所以服务请求方与服务提供方难以达成共识，进而导致描述方法无法满足用户需求，造成较高频率的服务发现失败。鉴于此，本书提出了一种具有较高灵活性的匹配算法，即在执行匹配时不单纯以 True 或 False 衡量匹配效果，而是以概念间的相似度量化值作为匹配结果。该匹配过程涉及两个方面：基本能力匹配和服务质量匹配[148]。

与现有的服务发现方法相比，本书提出的带有 QoS 的语义服务发现方法将服务质量纳入考虑，能够有效适应未来网络服务的发展趋势。随着网络中服务数量与类型的不断增加，用户对网络服务的要求也相应提高，不同用户对服务的要求是不一样的，即不同的服务请求具备不同的服务质量(QoS)等级需求。

带有 QoS 的语义服务发现流程如图 4.3 所示。首先，服务提供者在注册中心对服务执行注册，注册的服务采用 OWL-QoS 本体进行描述。此后，服务请求者向注册中心提交请求信息，服务请求同样以 OWL-QoS 本体进行描述。用于支持上述服务描述的本体库(ontologies data base)包含一体化描述本体 Universal_ontology.owl。在接收到服务请求时，配置在匹配引擎中带有 QoS 的服务匹配算法对服务的基本能力及服务质量进行匹配。最后，向用户返回满足条件的服务列表。

在实现带有 QoS 的服务发现过程中，主要技术难点是对服务质量信息的描述和匹配。为此，本书提出采用语义的方法描述 QoS(图 4.2)。给定服务质量的七个分类属性，服务提供者需要对应每个属性提供相应的服务等级，用户则根据实际需要选择部分(或者全部)属性并对其对应的限定等级进行描述，对于没有等级限制要求的属性，则不在服务匹配过程中对其进行匹配计算。

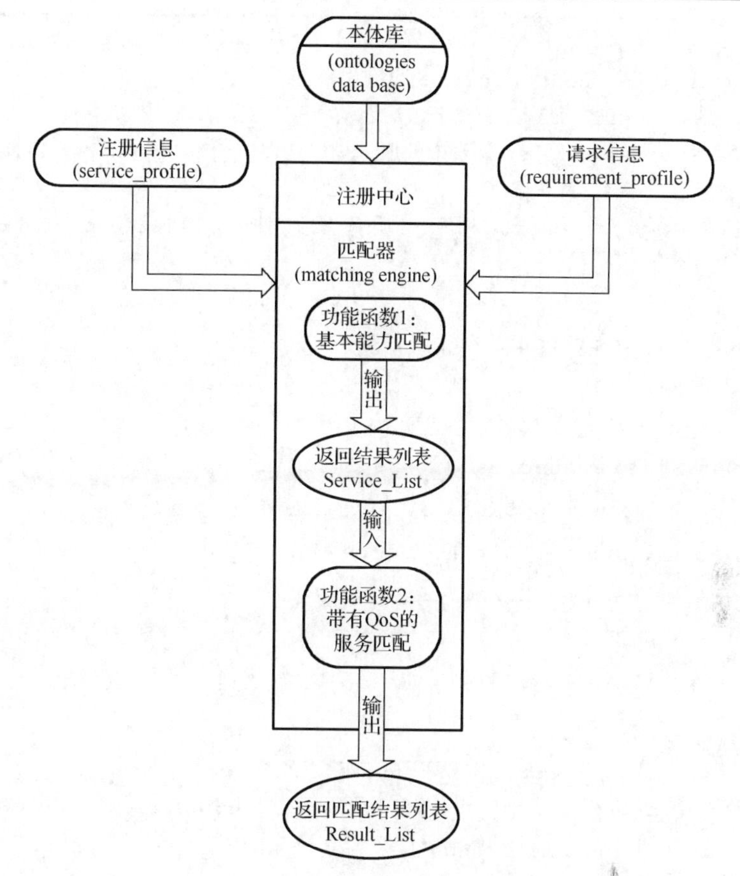

图 4.3　语义服务发现流程图

服务匹配算法包括两个功能函数，分别是 serviceMatching 函数[149-151]与 matchingWithQoS 函数。serviceMatching 函数描述了服务的基本能力匹配功能。其中，给定两个子类，采用 subclassOf 连接表述这两个类，则代表前者是后者的子类；若用 subsumes 表述，则代表前者包含后者[152]。

```
函数名称：serviceMatching
函数功能：计算注册中心服务列表 RegisteredList 中的服务与给定请求之间
  的匹配度，并向用户返回匹配度大于阈值的注册服务。
Input：requirement_profile//查询服务请求描述文件
    RegisteredList//注册中心服务列表 RegisteredList
    threshold_in//服务输入匹配度域值
    threshold_out//服务输出匹配度域值
Output：RegisteredList 中与 request_profile 相关联的服务集合
      service_list;
```

```
begin
   //OutR: requirement_profile 的输出项集合;
   //InputR: requirement_profile 的输入项集合;
   //OutA: RegisteredList 列表中的服务描述文件 registered_profile
     的输出项集合;
   //InputA: RegisteredList 列表中的服务描述文件 registered_profile
     的输入项集合;

   degreeMatch(Out_R,Out_A)
   begin
     if Out_A = Out_R  return Excellent;   end;
     if Out_R is a subclassOf Out_A return Exact;  end;
     if Out_A subsumes Out_R return PlugIn;  end;
     if Out_R subsumes Out_A return Subsumes;  end;
     otherwise return Error;
   end;
   degreeMatch(Input_R, Input_A)
   begin
     if Input_A = Input_R  return Excellent;  end;
     if Input_A is a subclassOf Input_R  return Exact;  end;
     if Input_R subsumes Input_A  return PlugIn;  end;
     if Input_A subsumes Input_R  return Subsumes;  end;
     otherwise return Error;
   end;
   match (requirement_profile, RegisteredList)
   begin
     service_list = empty;
     for all registered_profile in RegisteredList
        if (degreeMatch(Out_R,Out_A)>threshold_out&&
         degreeMatch(Input_R,Input_A)>threshold_in)
            service_list.add(registered_profile);
        end;
     end;
   end;
end;
```

函数matchingWithQoS细化了serviceMatching函数的返回结果列表，提供了基于QoS的服务匹配功能。服务的质量信息包括若干个属性值，每个注册服务的QoS信息用一维向量$(r_1, w_1, r_2, w_2, \cdots, r_i, w_i, \cdots, r_m, w_m)$描述，其中，$r_i$为服务的第$i$个属性的值，$w_i$为第$i$个属性所占的权重，且有$\sum_{i=1}^{m} w_i = 1$。

函数名称：matchingWithQoS

函数功能：利用QoS信息对函数serviceMatching的结果列表service_list进行过滤，选择符合用户QoS要求的服务返回给用户。

```
Input: requirement_profile  //查询服务请求描述文件
    service_list//满足用户需求的基本能力匹配的服务列表
    threshold_QoS//服务质量匹配度阈值
Output: result_list//service_list中满足QoS要求的服务集合列表
    result_list;
begin
    //QoS_R=(r1,w1,r2,w2,ri,wi,…,rm,wm)
    //QoS_R: requirement_profile中，不同QoS属性的度量值及权重值;
    //QoS_A=(a1,w1,a2,w2,ai,wi,…,am,wm)
    //QoS_A: registered_profile中，不同QoS属性的度量值及权重值;
    degreeMatch(QoS_R, QoS_A)
    begin
      matchingValue= $\sum_{i=1}^{m}|r_i - a_i| \times w_i$
      return matchingValue;
    end;

    match (requirement_profile, service_list)
    begin
      result_list = empty;
        for all registered_profile in service_list
          if (degreeMatch(QoS_R,QoS_A)>threshold_QoS)
            result_list.add(registered_profile);
          end;
        end;
    end;
end;
```

4.3　验证实验

目前，针对基于语义的服务发现方法的测试尚缺少统一测试集。较多研究者选择采用德国人工智能研究中心开发的 OWLS-TC[153]测试服务匹配算法。

OWLS-TC(version 2.2)提供了 1004 个基于语义的服务描述文件，涵盖了七个领域的内容：education、medical care、food、travel、communication、economy、weapon。每个领域所对应的服务描述文件数目如表 4.1 所示。其中，#services 代表服务描述文件，#queries 代表请求服务描述文件。

表 4.1　OWLS-TC 提供的各领域服务分布情况图

领域	#services	#queries
education	286	6
medical care	73	1
food	34	1
travel	197	6
communication	59	2
economy	395	12
weapon	40	1

本书中开展的仿真实验对 OWLS-TC 的文件内容进行了扩展，将 QoS 等级信息加入服务描述文件中，并将其数目扩展到 1500 个。在此基础上，将其按照语义划分成 6 个分组。在此，设 M 为分组数目，当组数为 1(即 M=1)时，算法验证的应用场景表现为集中式查询方法。

本书设计七组实验,用于验证基于语义的带有 QoS 的服务发现方法的优越性。

1. 实验 1

图 4.4 展示了在不同服务数目条件下服务的平均查询时间变化趋势。随着服务数量 N 的增加，平均查询时间也在相应增加。当 N 值大于 900 时，与集中式查询方法(M=1)相比，分布式查询方法(M=6)的平均查询时间增长趋势放缓。可见，基于语义的分组能够有效提高查询效率。

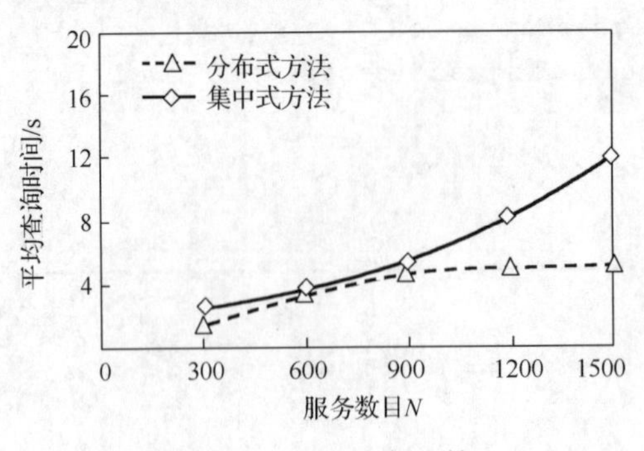

图 4.4　查询效率比较

2. 实验 2

本组实验评估了语义分组数目 M 的变化对查询效率的影响。如图 4.5 所示，初期随着分组数目的增加，平均查询时间开始明显下降；当 M 值大于 6 时，查询时间开始缓慢增加。实验表明，M 值被设置为 6 时，平均查询时间最小，则查询效率最高。该组实验反映了以下两点结论：第一，分组查询方式能够在一定程度上降低平均查询时间；第二，持续增加分组数目，会导致与分组相关联的组数相应增加，执行服务匹配的分组数目也随之增加，反而导致平均查询时间下降。

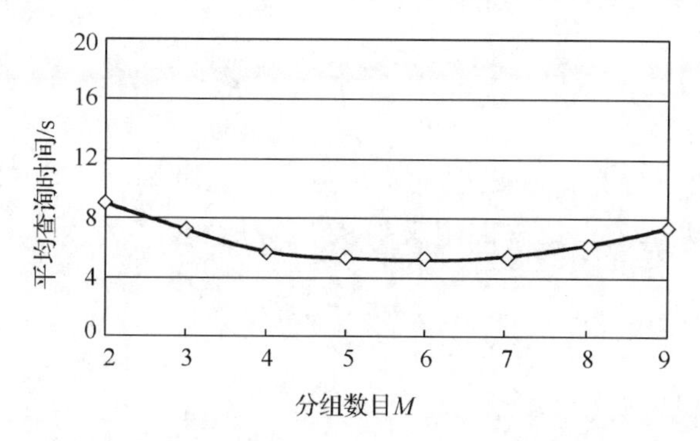

图 4.5　分组数目 M 变化对查询效率的影响

3. 实验 3

本组实验评估了带有 QoS 的服务发现方法的查准率，查准率定义如式(4.1)所示。

$$\eta = \frac{|S \cap T|}{|T|} \tag{4.1}$$

式中，S 为标准结果集；T 为返回结果集；$|S|$ 为标准结果集中服务描述文件的数量；$|T|$ 为返回结果集中包含的服务数量。

图 4.6 展示了服务数目变化对平均查准率的影响。由图 4.6 可知，带有 QoS 的服务匹配算法的查准率高于不带 QoS 的服务匹配算法，并且随着服务数目的增加，查准率也在相应增加。通过计算可得，查准率平均增长率约为 5.6%。本组实验结果表明，将服务质量等级信息引入服务查询，有助于进一步细化查询结果，因此带有 QoS 的服务发现的查准率高于不带 QoS 的服务发现查准率。

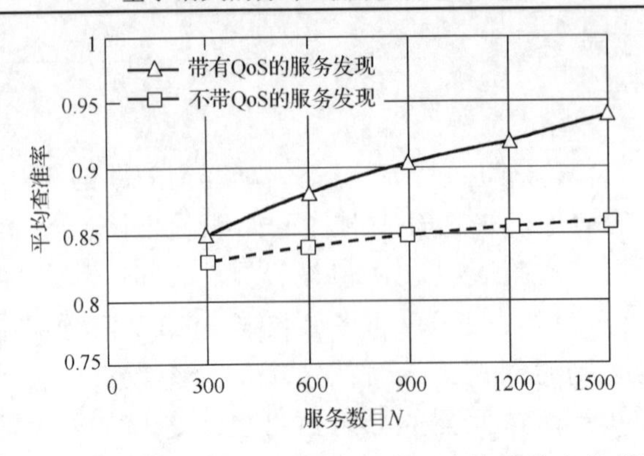

图 4.6　带有/不带 QoS 的服务发现查询查准率比较

4．实验 4

本组实验比较了分布式和集中式发现方法的查准率与查全率。其中，查准率的定义如式(4.1)所示，查全率的定义如式(4.2)所示。

$$\gamma = \frac{|S \cap T|}{|S|} \tag{4.2}$$

式中，S 与 T 的定义同式(4.1)。

在分布式发现方法中，M 值设定为 6，而集中式发现方法中的 M 值设定为 1。返回结果集合中服务的数目 R 取值为 $R=\{5,10,15,20,25,30\}$，标准结果集 S 中服务的数目为 20。如图 4.7 所示，查准率随着结果列表中服务数目 $|S|$ 的增加而缓慢降低，当 $R>|S|$ 时，查准率减小的趋势迅速加剧。与查准率的降低趋势相反，查全率随着 R 值的增加而迅速增长，当 $R>|S|$ 时，查全率的增长趋势则迅速放缓(图 4.8)。由图 4.7 和图 4.8 可知，分布式查询方法具有相对较好的查准率，但其查全率却相对有限。

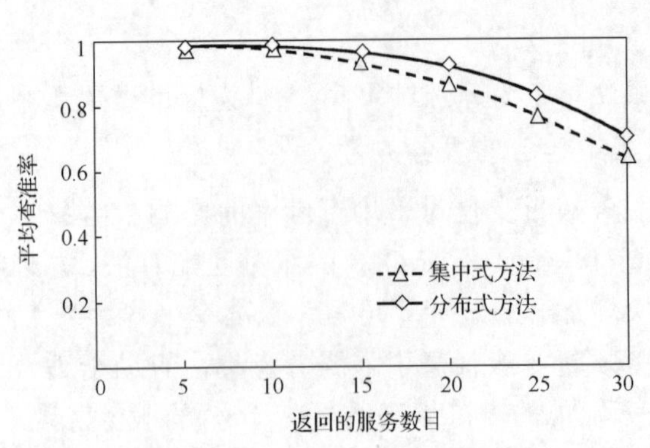

图 4.7　分布式与集中式发现方法的查准率比较

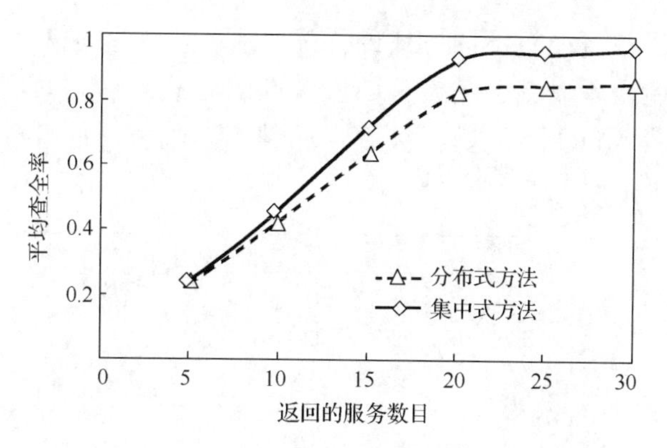

图 4.8　分布式与集中式发现方法的查全率比较

5. 实验 5

本组实验比较了基于语义的带有QoS的服务匹配算法与不带QoS的服务匹配算法的查询效率。如图 4.9 所示，带有 QoS 的服务匹配算法的平均查询时间略高于不带 QoS 的服务匹配算法的查询时间。可见，查准率的提高是以牺牲小部分查询时间为代价的。通过比较图 4.6 与图 4.9，查准率平均提高了 5.6%，而查询时间平均增加了 0.6s。综合权衡，以牺牲小部分查询时间换来查准率的显著提高是合理并且值得的。

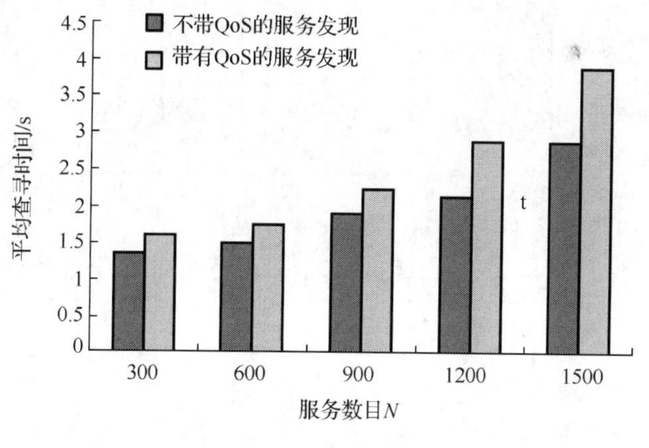

图 4.9　查询效率比较

6. 实验 6

本组实验比较了基于关键词的服务发现方法与基于语义的服务发现方法。由于不同的用户对服务可能有不同方式的描述，不能单纯要求所有用户对同一个服务采用相同的描述，所以基于关键词的服务匹配方式难以有效满足用户的实际需求。如图 4.10 和图 4.11 所示，基于关键词的精确匹配方法的查准率与查全率均不及本书提出的基于语义的查询方法。

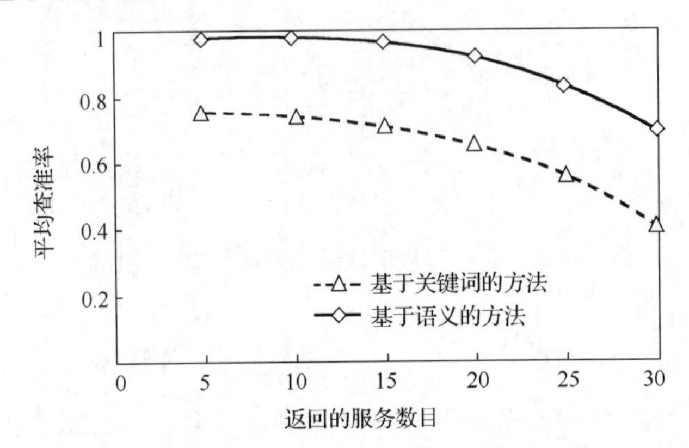

图 4.10　基于关键词与基于语义的服务发现方法的查准率比较

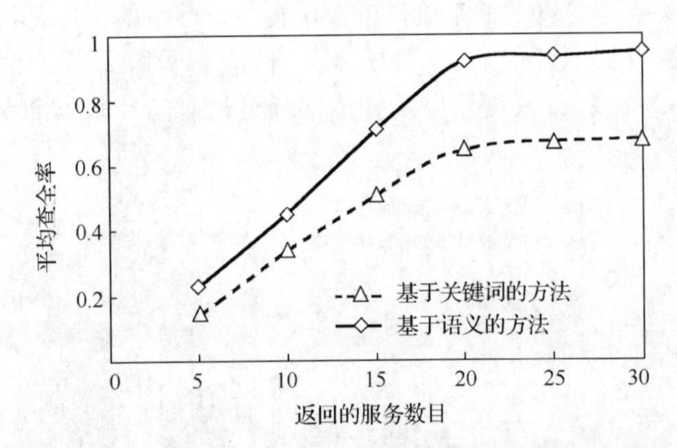

图 4.11　基于关键词与基于语义的服务发现方法的查全率比较

7. 实验 7

用户满意度 D 的定义由式(4.3)给出，$|T|$ 为返回的结果总数；t_1 为用户满意的结果数目；t_2 为可以对用户产生启发的结果数目；α 为可调节参数，相当于 t_1 的权重；$(1-\alpha)$ 相当于 t_2 的权重。

$$D=\frac{\alpha\times t_1+(1-\alpha)\times t_2}{|T|}\times 100\%,\quad 0\leqslant\alpha\leqslant 1 \tag{4.3}$$

由图 4.12 可知，与不带 QoS 的服务发现方法相比，带有 QoS 的服务发现方法有更高的用户满意度(提高了约 9.7%)，因为其可以向用户提供更多具有较强相关性的查询结果。

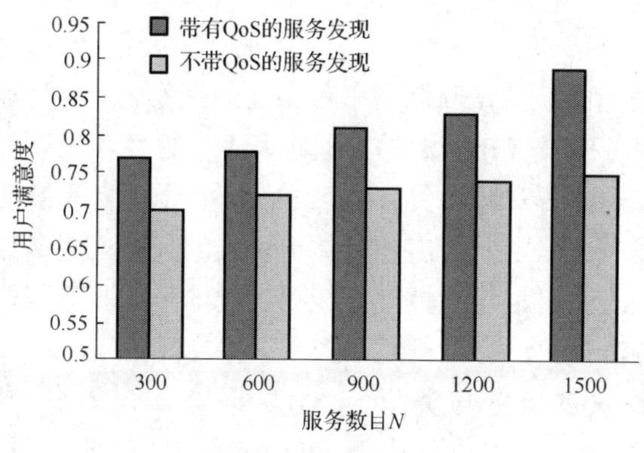

图 4.12　用户满意度比较

4.4 本章小结

本章主要介绍了基于语义的带有 QoS 信息的服务描述及查询方法。为了实现带有语义的服务发现方法，本书采用 OWL-S 描述服务，使描述内容包含机器可以理解的语义信息。服务等级划分是下一代网络的重要特点之一，所以为用户提供带有 QoS 等级信息的服务查询是新网络中开展服务查询的一项关键任务。本章提出将服务质量信息加入服务描述本体语言 OWL-S 中，形成 OWL-QoS。利用 OWL-QoS 的服务描述方式及能力，构建基于 OWL-QoS 的服务发现算法，它包括服务基本能力匹配及服务质量等级匹配两个部分。为了评估和分析所提方法的性能，本书设计了七组实验，围绕基于语义的带有 QoS 的服务发现方法的查准率、查询效率及用户满意度开展验证和对比。通过实验分析发现，本书提出的带有 QoS 的服务描述及查询方法能够有效提高查准率，并能较好地满足用户需求。

第 5 章　服务与资源一体化发现方法

服务的访问与资源的获取是互联网中最主要的操作之一，目前互联网中这两种操作是分开进行的，服务的发现与资源的获取既有不同特性，也有共通之处。两种操作分开进行一方面造成了网络资源浪费，另一方面不利于用户高效地开展注册与查询等操作。为了解决上述问题，本书提出一种基于语义的分布式服务与资源一体化发现原型系统。采用一体化的注册与查询机制，能够有效地缓解服务与资源处理系统各自执行操作带来的网络资源浪费，有效满足用户复杂多样化的需求，提高用户的满意度。

为了实现基于语义的服务与资源一体化发现方法，本章介绍相应的领域本体与词典本体的构建方法，提出本体中概念间语义相似度的计算方法。随着网络中服务与资源的数量不断增加，分布式的查询机制将逐渐成为未来网络发展的重要任务之一。现有的 P2P 技术方案大多缺乏共同的基础机制，兼容性较弱。为此，本书采用 JXTA 构建分布式交互方案，并将其融入原型系统中。JXTA 具有跨平台、跨操作系统、跨编程语言的特性，能够为 P2P 网络应用程序提供通用应用程序接口，为进一步构建服务与资源的一体化注册与查询方法及相关算法提供支持。

5.1　本 体 介 绍

为了实现基于语义的服务与资源一体化发现，本书创建了四种类型的本体：①领域本体(domain ontology)；②词典本体(thesaurus ontology)；③服务与资源一体化描述本体(unified ontology)；④带有 QoS 的语义服务描述本体(OWL-QoS)。其中，服务与资源一体化描述本体及带有 QoS 的语义服务描述本体的创建过程已分别在前面介绍了。本节主要介绍领域本体与词典本体。

5.1.1　本体语言概述

语义信息的交流要以交互双方建立共同理解为前提，否则双方就会发生误解或无法交流。在语义网中，共同理解即共同的语义空间，是由本体(ontology)建立和提供的。本体原本是一个哲学领域的概念，用于描述事物的本质。近年来，在计算机领域被作为信息抽象和知识描述的工具所采用。关于本体，很多学者提出了不同的理解，其中，Gruber 提出的定义获得了广泛认可，即本体是概念模型的明确规范的描述[154]。该定义阐释了四层含义：①概念模型(conceptualization)，即通过抽象客观世界中一些现象的相关概念而构建的模型，概念模型所表现的含义独立于具体的环境状态；②明确显式(explicit)，即所使用的概念及使用这些概念的约束都有明确的定义；③形式化(formal)，即本体是计算机可读的(即能被计算机处理)；④共享(share)，即本体中体现的是达成共识的知识，反映的是相关领域中公认的概念集，即本体表述的是关于群体而非个体的概念知识。

本体是一种用于描述语义的、概念化的显式说明。它通过定义属性并建立一个分类层次结构，对不同的概念建立区分，通过属性建立概念之间的相互联系，从而建立相关概念的语义空间，即对给定领域内的事物构建共同理解。这些概念和属性的名字(即标识)构成了本体词汇表。在语义网的交流/通信中，本体担当着语义沟通的重要角色，是实现语义交互的关键技术之一。本体的应用需要使用本体语言进行描述和建构。

常用的本体语言有五种类型。

(1) 基于 XML 的本体交换语言[155,156](XML-based ontology exchange language，XOL)是由美国 SRI 国际机构 AI 中心设计的本体交换语言，为交换本体定义提供了一种格式。它并不能用来开发本体，但却可以作为在不同数据库系统、本体开发工具和应用程序之间转换本体的中间语言。

(2) 简单的 HTML 本体扩展(simple HTML ontology extension，SHOE)由美国马里兰大学开发，是对 HTML 的扩展，其目的是在 HTML 文档或其他 Web 文档中加入机器可解读的语义知识。SHOE 能够使智能体(agent)从网页和文件中收集有用的信息，以改善搜索机制和聚集知识。SHOE 的工作过程由三个阶段构成：定义本体；采用本体论的信息注释 HTML 页面，以描述自身和其他的页面；agent 通过搜索现有的全部网页并利用语义检索信息，并持续更新信息[157]。

(3) 本体交互语言(ontology interchange language，OIL)是 Onto-Knowledge 项目组设计的本体语言。OIL 的定义融合了三种范例：基于框架的建模、基于描述逻辑的形式化语义和基于 XML 的语法。OIL 中本体是一个由许多模块组成的三层结构：对象级(处理实例)、本体定义(包括本体的定义)、本体容器(包括本体的信息，如该本体的创建者)。使用 OIL 定义的本体能够映射到描述逻辑的公理中，因此能够借助已有的系统执行可靠性和完整性推理。OIL 已经成功地应用于多个领域，如知识管理、电子商务等[158]。

(4) DAML+OIL[159]本身是两种语言，即 DAML(DARPA agent markup language)和 OIL。DAML 由美国开发，OIL 由欧洲开发。DAML 项目的目标是开发一门以机器易读的方式来表述语义关系的语言，该方式与当前和未来的 Internet 技术相兼容。分析当前 Internet 中开展服务与资源描述的实际情况及发展趋势可知，Internet 标记语言应该脱离 XML 和特殊领域受控语言固有的隐式语义协定。鉴于此，DAML 被设计成为将网页信息与机器易读的语义相结合的语义语言，其允许领域自身扩展简单的本体论，并且支持自底向上的设计方式，从而实现更高级概念的共享。Web 中的对象标记包括：对象编码的信息描述、对象提供的功能描述和对象能产生的数据描述。以此方式，agent 将能够把网页、数据库、程序、模型和传感器都链接到一起，以便使用 DAML 来识别所要查询的概念。

(5) OWL[160-162] (web ontology language) 是专门为语义网应用而开发的一种本体语言，与 DAML+OIL 不同的是，OWL 是由 W3C 发起的，它的第一个官方版本出现于 2003 年。OWL 有三个层次的语言：OWL Lite，OWL DL，OWL Full。这三种语言的表达性依次增强，较高的层次包含了较低的层次。OWL Lite 可以定义类、属性以及类的实例，是一种比较简单的语言，适用于只需要分类层次和简单限制条件的用户。例如，当 OWL Lite 限制集合时，只能给集合赋值为 0 或 1。OWL DL 是对 OWL Lite 的扩充，适用于那些希望在保持计算完整性和可判定性的情况下获得显著表达性的用户。OWL DL 包含了 OWL 语言的所有构件，但只能在特定条件下使用，只能定义一个集合的属性而不是单个个体的属性。OWL Full 比 OWL DL 更高一级，它不仅可以定义一个集合的属性，也可以定义单个个体的属性，其适用于那些只需要最强的表达性和 RDF 语法自由度而不存在任何计算保障的用户。例如，OWL Full 中的类既可以看作一组个体的集合，也可以将该类本身看作一个个体。

此外，基于图的表示方法也是一种重要的本体表示方法，其最大的特点是直观。具有代表性的基于图的本体描述语言有 WordNet 的语义网络[163]及概念图 (conceptual graph)[164]。

WordNet 是由普林斯顿大学 Miller 教授主持开发的一个大型语言知识库系统。它采用语义网络作为其词汇的表示形式，是一种典型的基于图的本体表达实例。WordNet 的词汇包括名词、动词、形容词、副词和功能词。每个词是一个网络的节点，节点之间通过同义关系、反义关系、上位关系、下位关系、部分-整体关系、形态关系等联系在一起。目前，WordNet 已经分别建立了名词、动词、形容词和副词四个相互独立的语义网络，共包括约 95600 个词项。

概念图是一种基于图的本体表示方式。概念图是二分有向图，其中包括“概念”和“关系”两类节点，分别称为“概念节点”和“概念关联节点”，二者之间通过“概念关联节点”到“概念节点”的有向弧相连。概念图中的所有概念按照“IsKindOf”关系形成一个格结构。这个格的最顶层元素是 Entity，任何事物都是它的子类型或者实例；最底层元素是 Absurdity，可以作为任何类型的子类型。

5.1.2 领域本体

为了高效地从海量信息中发掘用户感兴趣的信息，需要对信息进行语义分组，以此将查询匹配操作限定在与请求相关的语义分组中，能够有效地缩小查询范围，提高查询匹配的效率。领域知识是实现语义分组的基础，也是实现服务与资源发现的重要基础。本书基于 OWL 组织领域知识，通过领域本体将服务与资源的注册及请求信息划分到相关联的语义分组中，从而提高服务与资源的注册及查询效率。

领域本体是面向特定领域用于描述特定领域的概念模型，是一个公认的关于给定领域的概念集，其中的概念具有公认的语义并通过概念之间的关联来体现。在进行知识表达时，领域本体对信息抽象的方式近似于语义网络，都可以采用带标记的有向图来标识概念和关联，但领域本体更侧重于表示特定领域整体的内容。

由于本体是概念化的详细说明，领域本体在应用场景中是一个正式的词汇表，其核心作用就在于定义某一领域或领域内的专业词汇及其之间的关系。作为领域内实现信息交互的重要基础，领域本体为交流各方就领域知识提供了统一认识。基于领域本体，知识的搜索、积累和共享效率能够大幅提高，进而使知识重用和共享在真正意义上成为可能。

本体论可以分为四种类型：领域、通用、应用和表示。领域本体包含着特定类型领域(如电子、机械、医药、教学等)的相关知识，或者是某个学科、课程的相关知识；通用本体则覆盖了若干领域，通常也称为核心本体；应用本体包含特定领域建模所需的全部知识；表示本体不局限于某个特定的领域，还提供了用于描述事物的实体，如框架本体，其中定义了框架、槽等概念。

在领域本体的创建过程中，很大一部分属于类，而对类的层次定义有以下三种方法。

(1) 自顶向下法(top-down)：先定义领域中综合的、概括性的概念，然后逐步细化、说明。

(2) 自底向上法(bottom-up)：先定义具体的、特殊的概念，从最底层、最细小的类定义开始，然后将这些概念泛化形成综合性概念。

(3) 混合法(combination)：混合使用自顶向下法与自底向上法。先建立那些显而易见的概念，然后分别向上与向下进行泛化和细化。

领域分类的标准有很多，如 Yahoo[165]、DMOZ(ODP)[166]等，本书采用 DMOZ 分类标准来构建领域本体，它是一个人工编辑管理的目录集合。DMOZ 网站(http://dmoztools.net)是一个知名的开放式分类目录(the open directory project, ODP)。之所以称为开放式分类目录，是因为 DMOZ 是由来自世界各地的志愿者共同建设维护的，是全球最大的目录社区之一。

本书采用基于OWL语言的自顶向下法构建领域本体。根据DMOZ的划分标准，本书在领域本体中设定了 16 个领域，分别是 Arts、Business、Computers、Games、Health、Home、Kids and Teens、News、Recreation、Reference、Regional、Science、Shopping、Society、Sports、World。如图 5.1 所示，矩形框代表类，箭头连线代表类间的“is-a”关系，表示父类-子类关系。以概念类 Reference 为例，它包含了三

个不同的子类：Libaries、Education 和 Knowledge Management。领域本体的第二层(即 Root 类的下一层概念类)代表不同的领域划分。随着领域本体中某个领域子类数目增加，领域的数目可以动态扩充。例如，随着 Reference 领域中 Education 流行度的提高，Education 类的子类数目会不断增加，当它超过某个设定的阈值时，Education 类将会提升到第二层，成为 Root 类的子类。此时，领域本体则包含了 17 个领域。

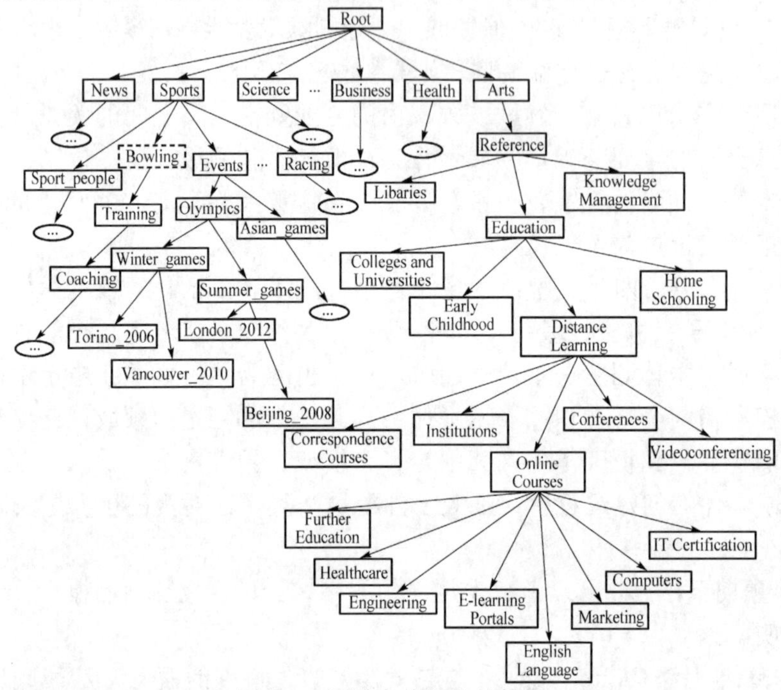

图 5.1　领域本体部分结构图

5.1.3　词典本体

对于同样的服务或资源，不同的用户或提供商有着不同的描述方式，换言之，不能要求所有用户和提供者采用相同的描述方法。因此，基于关键词的精确匹配方法很难满足用户的实际需求。为此，本书提出了构建词典本体以实现基于语义的模糊查询方法。词典本体类似于一个包含了词语间各种不同关系的“单词网络”。基于该网络及概念间的关系，能够计算得出各种服务或资源描述间的语义相似度。

词典本体是以 WordNet 为基础进行设计的。WordNet 是普林斯顿大学的心理学家、语言学家和计算机工程师共同设计的一种基于认知语言学的英语词典；它不采用字母顺序排列单词，而是按照单词的意义组成一个“单词的网络”[163]。网络中包含了词语之间的上下位(hypernymy/hyponymy)、同义(synonymy)、反义(antonymy)、部分与整体(meronymy/holonymy)等多种关系。本书选取使用词语间的上下位及同义词关系来建立词典本体。

图 5.2 为词典本体的部分图结构，展示了本体中概念类(词条)间的相互关系。其中，矩形框代表 WordNet 中的概念类，圆角矩形框代表领域本体中的概念类。相邻的兄弟节点为语义相关的概念类。箭头连线代表概念类之间的上下位关系。在词典本体中，与领域本体相同的概念类，标注了特殊标记，其目的是在服务与资源一体化查找过程中便于通过语义相似度计算出具有相关性的服务与资源所属的领域。

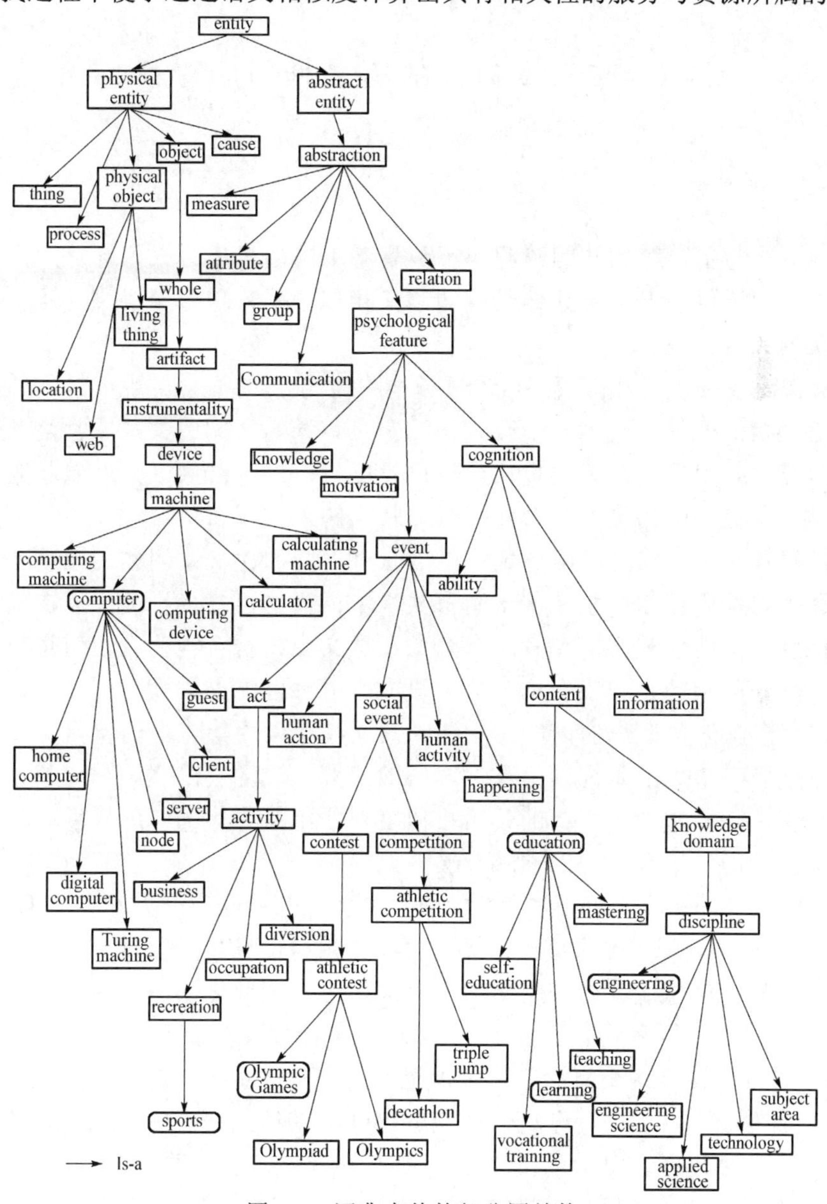

图 5.2　词典本体的部分图结构

领域本体是服务与资源注册的基础，而词典本体则是服务与资源查找的基础。对于不同的服务或资源的提供者和请求者，不应假设其对相同的服务或资源有着相同的定义，而基于关键词匹配的算法却是建立在该假设基础上的。本书在后续内容中将根据词典本体，提出一种新的基于语义关系的模糊匹配方法。

5.2 基于本体论的语义相似度度量

5.2.1 语义相似度

鉴于不同的用户对相同的资源或服务有着不同的描述方式，计算用户的请求信息与网络中已经注册的描述信息间的语义相似度是实现基于语义的服务与资源发现方法的关键。

通常情况下，语义相似度是一个主观性相对较强的概念。脱离具体的应用场景讨论语义相似度很难得到一个有共识的定义。词语之间的关系非常复杂，其相似性或差异之处很难用简单的量化数值进行度量。对于从某一角度看起来非常相似的词语，从另一个角度看，很可能有非常大的差异。

语义相似度在不同的应用领域中可能会有不同的含义。例如，在基于实例的机器翻译中，词语相似度主要用于衡量文本中词语的可替换程度；而在信息检索中，相似度更多地反映文本或者用户查询在意义上的符合程度；在信息整合领域中，相似度一般指的是一段文本与另一段文本能够匹配的程度。

相似度概念涉及概念的词法、句法、语义甚至语用等方面的特点。其中，对词语相似度影响最大的是词的语义。本书的研究工作主要围绕用户查询在语义上的符合程度，因此本书中所指的词语相似度即两个概念类的匹配程度，相似度越高，表示查询的结果与用户的请求越接近。

目前对概念间语义相似度[167,168]的研究主要分为两类：一类是利用语义词典，如 WordNet、HowNet 中的同义词或义原组成的树状层次体系结构[169]，通过计算两个概念之间的信息熵或语义距离得出概念间语义相似度；另一类是利用语料库统计的方法，根据两个概念在上下文中出现的频率计算概念间语义相似度。文献[170]和文献[171]首先计算两个概念在树中的语义距离，然后将其转换为两个概念间的语义相似度；文献[172]采用子概念间相似度计算其所属概念间相似度，具体是根据每个子概念对其所属概念的贡献赋予每个子概念一个权重(所有子概念权重和为 1)，子概念间相似度与其权重的线性和为相应概念间语义相似度；文献[173]

对概念实例采用联合分布概率统计的方法确定概念间语义相似度；文献[174]利用搜索引擎作为语料库计算概念之间的相似度。

上述实验结果通常都与人为的主观判断结果相符，但在其具体评估过程中仍会有难以确切量化或计算的问题。例如，文献[172]中子概念的权重很难标准化地确定；文献[173]对概念实例的范畴划分仅采用了二元分类，即给定一个概念实例的划分结果要么属于目标概念范畴，要么不属于该范畴，对于不属于该概念范畴的部分实例但与该概念存在一定相似性的情况则被忽略了。还有一些语义相似评估方法是基于语料库实现的，但是需要很大的语料库才能有效反映概念间相似度。虽然文献[174]利用搜索引擎作为大型语料库计算概念间语义相似度，在一定程度上弥补了数据稀疏问题，但是其结果则过度依赖搜索引擎的检索质量。

针对上述研究情况，本书以词典本体为基础，基于概念间的距离及概念的粒度提出了一种语义相似度的计算方法。

5.2.2　语义相似度与概念间的距离

概念间的距离与语义相似度之间有着密切的关系。在很多情况下，直接计算语义相似度比较困难，通常可以先计算概念间的距离，再将其转换为语义相似度。可以说，距离是度量两个概念关系的一个重要指标。一般而言，词语距离是一个取值在 $[0,\infty)$ 之间的实数。一个概念与其本身的距离为 0。两个概念的距离越大，其语义相似度越低；反之，两个概念的距离越小，其语义相似度则越大。二者之间可以建立一种简单的映射关系，映射关系需要满足以下几个条件：

(1) 两个概念的距离为 0 时，其语义相似度为 1；

(2) 两个概念的距离为 ∞ 时，其相似度为 0；

(3) 两个概念的距离越大，其相似度越小(即单调下降)。

对于两个词语 n_1 和 n_2，相似度记为 $\mathrm{Sim}(n_1,n_2)$，词语间距离记为 $\mathrm{dis}(n_1,n_2)$，则可以定义一个满足以上条件的简单的转换关系：

$$\mathrm{Sim}(n_1,n_2)=\frac{\alpha}{\mathrm{dis}(n_1,n_2)+\alpha} \tag{5.1}$$

其中，α 是一个可调节的参数，即 $\alpha>0$。本书将词典本体构建为一个树状结构，在计算语义项之间的距离时，只需计算树状结构中对应节点的距离。距离表示两个节点相互到达的最短长度，其算法思想如下。

算法 5.1：树结构中节点距离计算算法

```
函数名称：disBetween(node_A,node_B);
算法功能：返回节点 node_A 与 node_B 之间的距离；
输入：node_A, node_B;
输出：distance;
(1)TreeNode[] path_A=frame.treeModel.getPathToRoot(node_A);
   //获得从 Root 根节点到节点 node_A 之间的路径
   TreeNode[] path_B=frame.treeModel.getPathToRoot(node_B);
   //获得从 Root 根节点到节点 node_B 之间的路径
(2)//计算 node_A 和 node_B 之间的距离
   for(int j=path_A.length-1;j>0;--j)
   {
     for(int k=path_B.length-1;k>0;--k)
     {
       if(path_A[j]==path_B[k])
       {
         distance=(path_A.length-(j+1))+(path_B.length-(k+1));
         //节点 node_A 与节点 node_B 之间的距离为两个节点的共有父亲节点分别到两
         个节点的路径长度之和
       }
     }
   }
(3) return distance;
//返回节点间距离长度
```

在图 5.3 所示的树状结构中，节点 I 与节点 J 之间的距离为节点 A(I 与 J 的共有父亲节点)分别到节点 I 与 J 的路径长度之和，即 disBetween(I,J) = 6 。在树状结构中，每个节点代表一个概念，本书所述树状结构中节点与概念表示的内容相同。

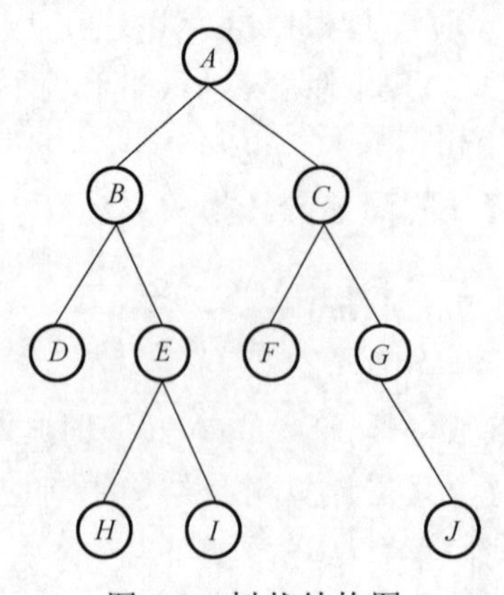

图 5.3　树状结构图

5.2.3　语义相似度与概念的粒度

基于词典本体所构成的树状结构中，上层节点的分类粒度大，下层节点的分类粒度小。换言之，本体中高层次的分类较为粗糙，而层次越靠近底部意味着分类越趋向细致。因此，对于距离相同的两个节点，其所在的层次越靠近底部则相似度越大。语义相似度与概念的粒度之间的简单关系定义如下：

$$\mathrm{Sim}(n_1,n_2)=\frac{(l_1+l_2)\times\alpha}{\mathrm{dis}(n_1,n_2)+\alpha} \tag{5.2}$$

式中，l_1 和 l_2 分别为节点 n_1 与节点 n_2 所在概念树中的层深。α 的含义同式(5.1)相同。

5.2.4　语义相似度的计算

基于语义相似度与概念间的距离以及概念的粒度关系，本书提出的语义相似度定义如下：

$$\mathrm{SimBetween}(n_1,n_2)=\begin{cases}\dfrac{\alpha\times(l_1+l_2)\times\max(|l_1-l_2|+\alpha,1)}{\mathrm{dis}(n_1,n_2)+\alpha}, & \mathrm{dis}(n_1,n_2)=|l_1+l_2|\\[2ex] \dfrac{\alpha\times(l_1+l_2)\times D^2}{(\mathrm{dis}(n_1+n_2)+\alpha)\times\max(|l_1-l_2|,1)}, & \mathrm{dis}(n_1,n_2)<|l_1+l_2|\end{cases} \tag{5.3}$$

式中，l_1 和 l_2 分别为根节点到节点 n_1 与 n_2 的路径长度；$\mathrm{dis}(n_1,n_2)=|l_1+l_2|$ 表示除了根节点，节点 n_1 与 n_2 没有其他共有的父亲节点；D 为树的深度；$\mathrm{dis}(n_1,n_2)<|l_1+l_2|$ 表示节点 n_1 与 n_2 之间存在着非根节点的其他共有父亲节点；节点 n_1 与 n_2 之间的距离 $\mathrm{dis}(n_1,n_2)$ 由算法 5.1 求得，本书设定 $\alpha=0.5$。

如图 5.4 所示，P_8 和 P_{12} 之间的距离为 $\mathrm{dis}(P_8,P_{12})=6$，$l_8=3$，$l_{12}=3$，由式(5.3)可知，相似度为 $\mathrm{SimBetween}(P_8,P_{12})=\dfrac{\alpha\times6\times\max(\alpha,1)}{6+\alpha}=\dfrac{3}{6.5}=0.46$；同样地，因为 P_8 和 P_5 之间的距离为 $\mathrm{dis}(P_8,P_5)=5$，$l_8=3$，$l_5=2$，由式(5.3)可得相似度 $\mathrm{SimBetween}(P_8,P_5)=\dfrac{\alpha\times5\times\max(1+\alpha,1)}{5+\alpha}=\dfrac{3.75}{5.5}=0.68$。由 $\mathrm{dis}(P_8,P_{12})>\mathrm{dis}(P_8,P_5)$ 可得 $\mathrm{SimBetween}(P_8,P_{12})<\mathrm{SimBetween}(P_8,P_5)$，其符合节点间距离越大相似度越小的原则。

若节点间的距离相等，则相似度值随着节点所在的层次深度增加而增加。因为树中的节点是由词典本体中的类映射而来的，本体中较低层次的类是经分类属性划分得到的，分类相对粗糙，而层次越深，意味着分类越趋向细致，其相似度相应越高。

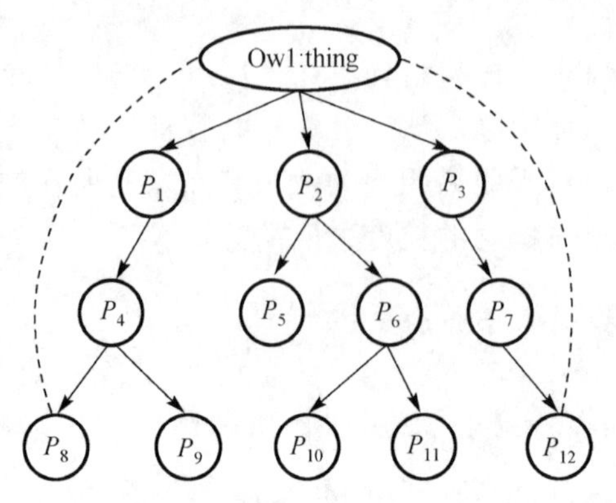

图 5.4　词典本体的树型结构图

例如，$\text{dis}(P_8,P_9)=2$，$l_8=3$，$l_9=3$，根据式(5.3)可得相似度 $\text{SimBetween}(P_8,P_9)=\dfrac{\alpha\times 6\times D^2}{(2+\alpha)\times\max(0,1)}=10.8$，而 $\text{dis}(P_5,P_6)=2$，$l_5=2$，$l_6=2$，由式(5.3)可得相似度 $\text{SimBetween}(P_5,P_6)=\dfrac{\alpha\times 4\times D^2}{(2+\alpha)\times\max(0,1)}=7.2$，即 $\text{SimBetween}(P_8,P_9)>\text{SimBetween}(P_5,P_6)$。

5.3　JXTA 技术

现有的服务或资源发现多采用集中式方法，描述信息(元数据)被存储在统一的存储中心。集中式查询机制的严重缺点是对单点故障过于敏感，不适用于大规模的服务和资源查询系统。随着互联网的发展，资源与服务的种类及数量呈现爆炸式增长，并在持续发展。可见，集中式查询机制已经不能适应网络的实际发展。为了适应网络中服务和资源呈现的动态性与可扩展性，本书提出了基于分布式的服务与资源一体化发现方法。

基于 P2P 技术开发的 Napster、Gnutella、Aim 等信息共享应用程序变得越来越流行。但是，大多数的应用程序只适用于某种特定平台，相互之间不能进行通信或数据共享。例如，Napster 提供音乐文件查找，Gnutella 提供普通文件共享，Aim 提供短消息发送。但由于缺乏共通的基础机制，这些 P2P 应用系统互不兼容，导致难以相互操作。鉴于此，JXTA 被设计用于克服上述提及的 P2P 系统缺点，JXTA 提供了一个构建跨平台、跨操作系统和跨编程语言的 P2P 网络应用程序通用开发平台，采用 JXTA 构建 P2P 应用程序具有三大特性。

(1) 互操作性。如上所述，许多现存的 P2P 系统是自治的、封闭的，其限制了用户的交流，且浪费了系统资源。JXTA 能够为各种 P2P 服务的对等节点之间提供定位和交互手段。

(2) 平台无关性。采用 JXTA 技术构建的 P2P 系统具有语言独立性、通信协议独立性和平台无关性。现有的许多 P2P 系统通过在特定系统平台和网络平台发布 API 提供服务，在异构平台间构建互操作方案时，P2P 应用开发者则需要对不同应用平台对 P2P 应用具备的相同服务进行二次开发，或在不同应用平台之间“架设”互操作通道，导致了开发维护难度加大以及应用受限。JXTA 具备的平台无关性则能有效解决上述问题。

(3) 广泛性。采用 JXTA 技术可以使 P2P 程序运行在任何带有数字芯片的设备上，包括传感器、家用电器、PDA、个人计算机、路由器、中心服务器和存储系统等。当前许多 P2P 系统基于成本考虑多倾向采用 Windows 平台作为开发应用环境，对操作系统的依赖性相对较高。JXTA 技术能够有效突破系统平台的壁垒，使 P2P 应用程序能够被广泛应用。

JXTA 协议由 6 个协议组成。由于 P2P 底层通信协议及设施的差异，许多 P2P 程序着眼于提供不同类型的服务，因而形成多种相互隔绝的应用社区。JXTA 通过提供一系列协议及接口使得基于其开发出来的 P2P 程序具有平台独立性和语言独立性，从而实现程序社区间的相互交流。

利用 JXTA 构建服务网络可以在复杂网络环境下有效地实现多平台、多语言的 Web 服务共享，从而使服务更加标准、更易于访问、也更容易集成。

随着网络内容和节点数量的激增，各种各样的 P2P 应用相继涌现，如文件共享、分布式计算和即时通信等。按照传统方式，从底层协议开始设计开发的应用系统，会配置独立特有的发现、检索及数据传输机制，因而互不兼容，进而造成不同 P2P 社区的用户彼此隔离。从用户的角度看，若要加入不同 P2P 社区，则必须同时支持多种 P2P 系统，进而造成了系统资源浪费，并且对用户提出了过多过高的专业操作要求。从开发者的角度看，多种 P2P 系统底层架构具有一定程度的相似性，开发人员在系统实现过程中要做许多重复劳动，造成了系统开发效率的低下。

JXTA 引入了点、组、管道和端点等新概念，在 P2P 通信中使用新概念通告。通告是一个 XML 文档，其描述了在 JXTA 网络中可用的服务和信息。

在分布式查询系统中，JXTA 通过 Hub 进行跨网通信。Hub 可以按照地理位置进行组织，或者按照语义内容进行组织。JXTA 中基于 Hub 的网络结构有利于资源及服务的分布式搜索。图 5.5 为 JXTA 网络中各节点的组织关系图。每个节点均与 Hub 相连，节点通过 Hub 相互通信。

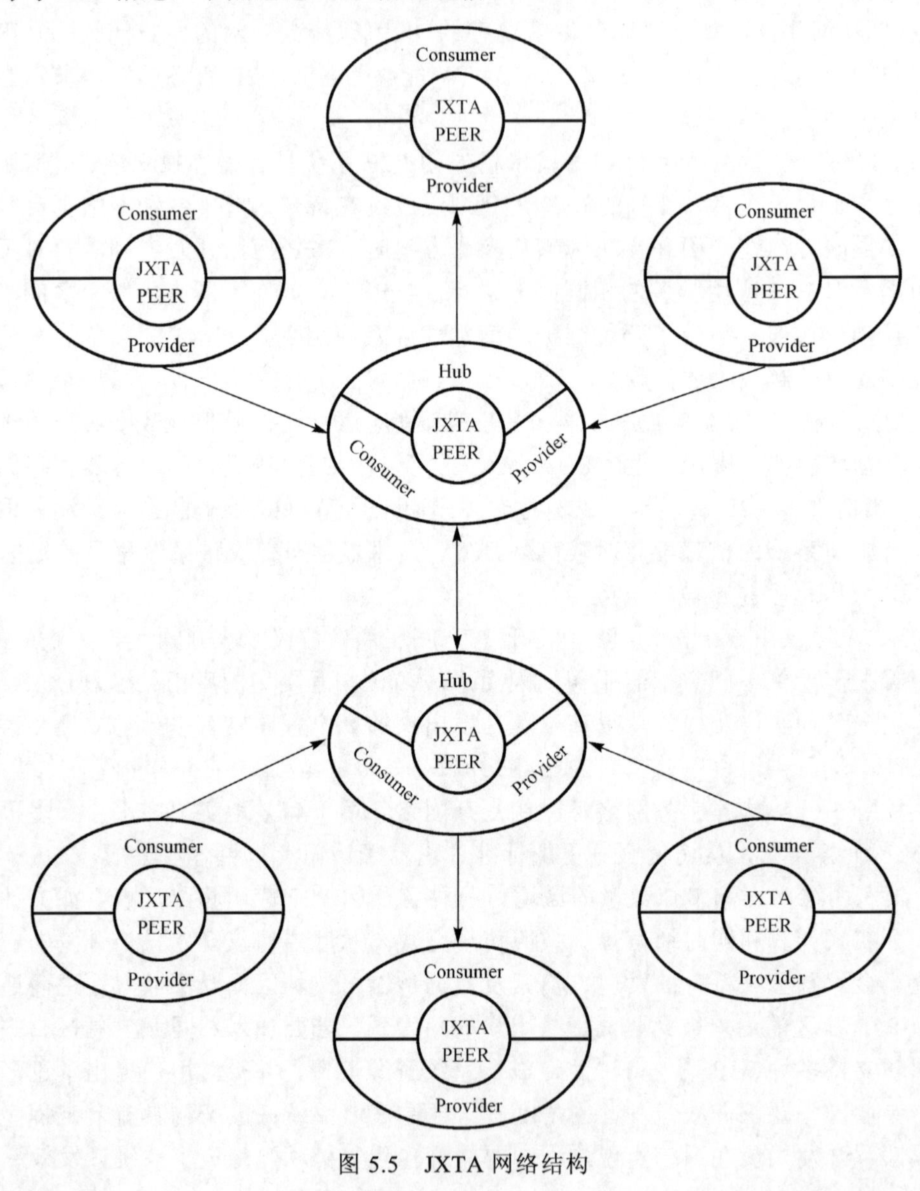

图 5.5　JXTA 网络结构

5.4　原型系统的结构及原理

如图 5.6 所示，基于语义的分布式服务与资源一体化发现原型系统分为三层，从下到上依次是物理网络层、友元组网络层和定位网络层。物理网络层为按照地理位置进行划分的实际网络拓扑；友元组网络层中的友元组是物理网络中提供者根据自身提供资源内容的相同/相似性而划分形成的分组，所有的友元组构成了友元组网络；定位网络层由友元组组长节点构成，每个组长节点负责对所在友元组成员的服务或资源实现注册和查找。物理网络层为实际的网络基础设施，友元组网络层是在物理网络层基础上虚拟形成的网络，目的是更好地实现服务与资源[170]的定位。

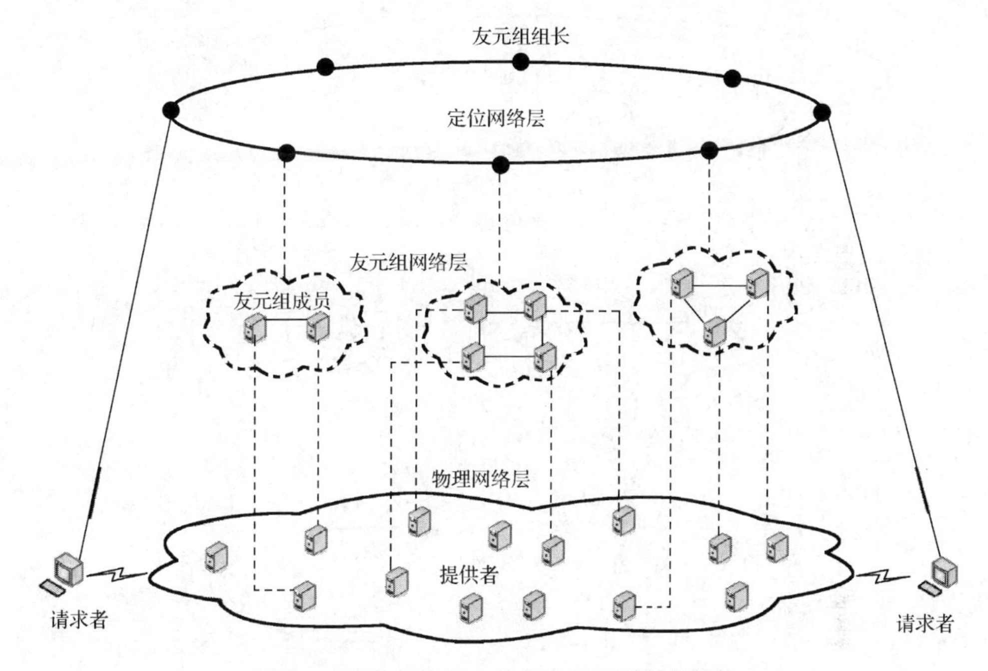

图 5.6　服务与资源一体化发现原型系统架构

系统结构中的节点实体分为四种角色类型：请求者、提供者、友元组成员、友元组组长。友元组组长负责对资源的解析，其将请求者提出的请求转化为定位网络能够解析的资源类型；请求者和提供者存在于物理网络层，两者可以相互转换；友元组成员则提供相似资源。

领域本体、词典本体及服务与资源一体化描述本体存在于定位网络层，带有 QoS 的语义服务描述本体存在于各个友元组内。其中，领域本体和词典本体负责将服务及资源的注册信息与请求信息映射到相关联的友元组中，而服务与资源一体化描述本体则负责服务与资源的关联搜索。

在服务与资源一体化发现原型系统中，JXTA 负责组织节点。图 5.6 中的友元组对应于 JXTA 网络中的分组，组长节点对应 JXTA 网络的组长节点，任何节点若要发布或查询服务与资源，均需要加入友元组发布注册或查询通告。如前所述，Hub 可以按照地理位置进行组织、按照语义内容进行组织或者按照应用进行组织。基于 JXTA 的一体化发现系统结构如图 5.7 所示。其与完全分布式结构 Gnutella 模型[4]不同，因为其中的请求信息不需要沿路由指向到每一个节点；同时，该结构与 Napster 模型[3]也不同，因为所有节点不需要统一的注册中心进行管理。

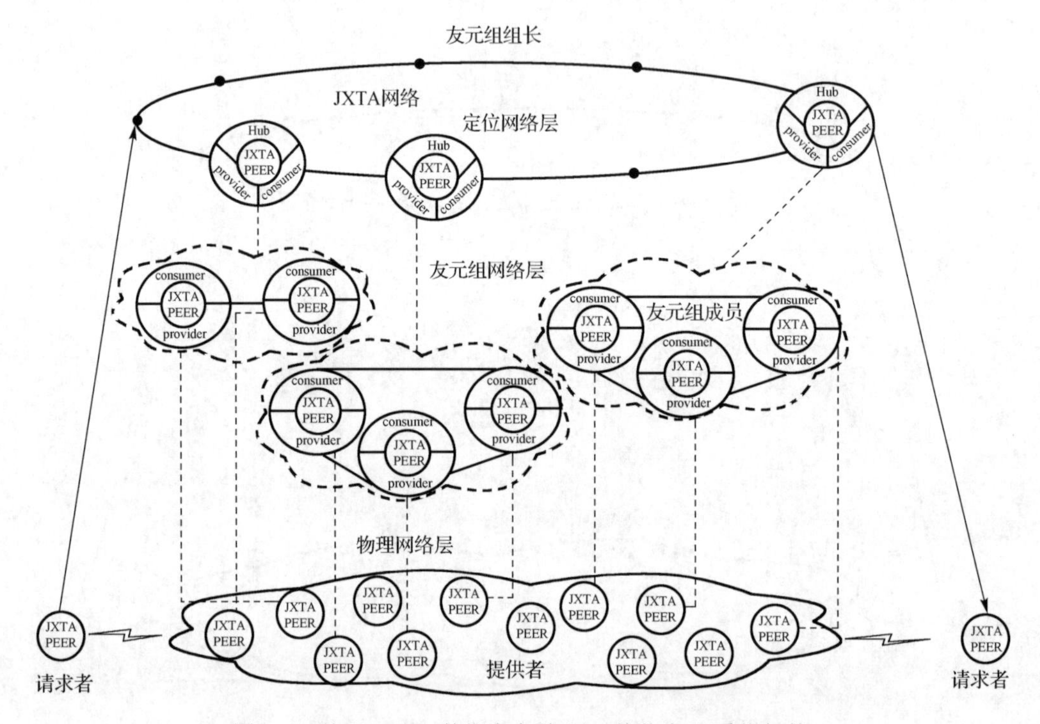

图 5.7　基于 JXTA 的服务与资源一体化发现系统架构

5.5　服务与资源一体化注册与发现方法

基于前面提出的服务与资源一体化发现原型系统，本节将介绍服务与资源的一体化注册和发现过程及相关算法。图 5.8 展示了服务与资源一体化注册与发现过程。由图 5.8 可见，一体化注册与发现过程采用了四个本体及三种算法。图 5.9 描述了服务与资源一体化注册和发现过程以及原型系统中多层次之间协同的时序关系。

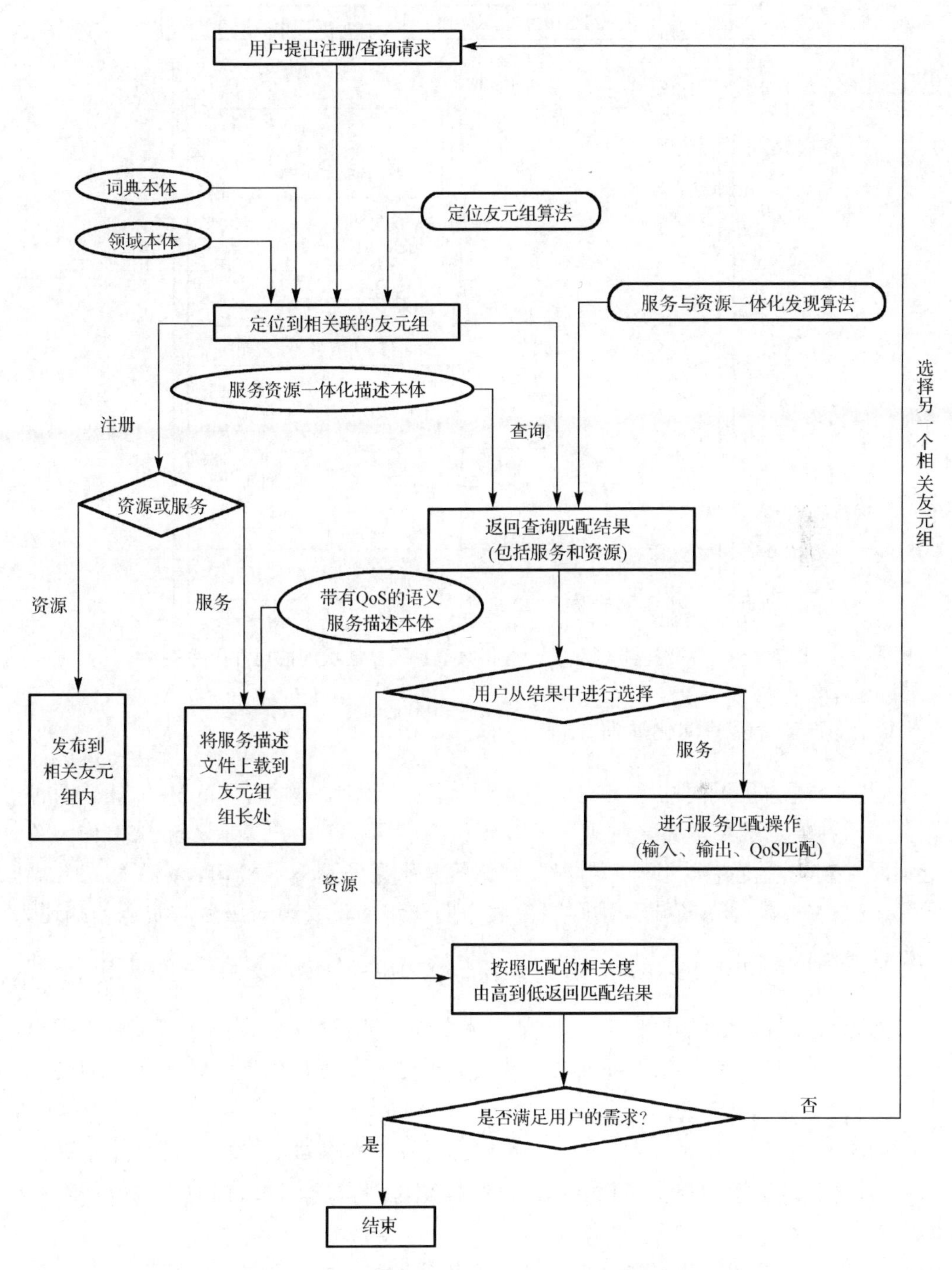

图 5.8　服务与资源一体化注册与发现过程示意

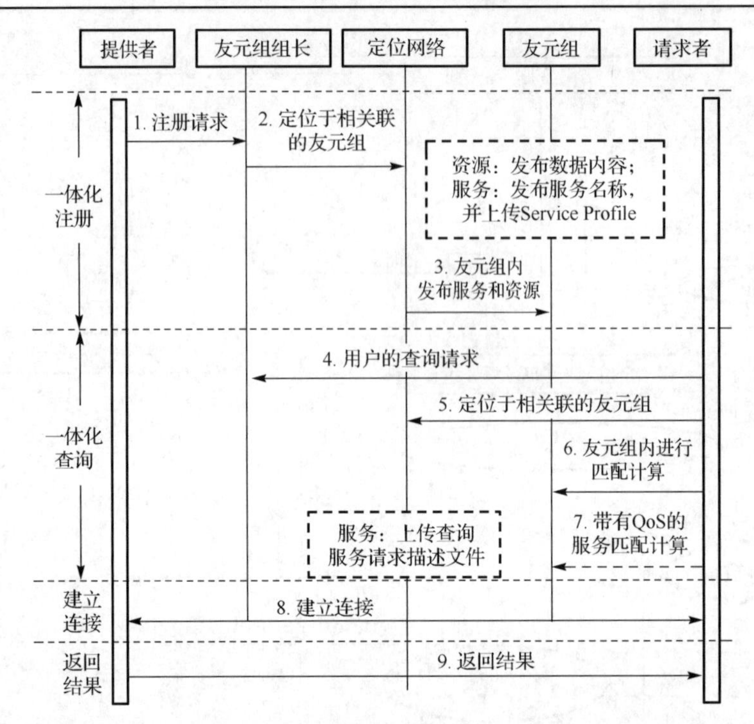

图 5.9　一体化注册与发现过程和原型系统多层次间的时序关系图

5.5.1　服务与资源一体化注册

同一个概念在不同的上下文中会表达为不同语义。例如，“apple”具有两种含义，一种表示水果，另一种则表示商业机构名称。当用户只取“apple”作为关键词时，查询系统并不能确定用户要查询的是水果还是商业机构。为了解决此类语义二义性问题，本书提出采用语义空间中的一维向量实现对服务与资源的描述。一维向量的形式为 $\boldsymbol{D}=(c_1,v_1,c_2,v_2,\cdots,c_i,v_i,\cdots,c_n,v_n),1\leqslant i\leqslant n$，$\sum_{i=1}^{n}v_i=1.0$，其中，$c_i$ 和 v_i 分别为服务与资源的特征词(从词典本体中提取获得的概念)及其权重。当用户以 $d=(\text{apple},0.5,\text{systems},0.3,\text{agents},0.2)$ 描述资源时，即可识别查询请求所指向的是“苹果公司(Apple Inc.)”，而非水果。

如图 5.10 所示，单个节点向 JXTA 网络中注册服务或资源时需要四个步骤。

(1)服务或资源的提供者向 JXTA 网络提交注册请求，请求信息可以发送给网络中的任意节点(设为 Peer A)。

(2)Peer A 将请求信息发送给其所在组的组长节点(位于定位网络层)。

(3)通过定位友元组算法(参见 5.5.3 节)找到与注册请求相关的目标友元组。

(4) 在目标友元组内发布服务与资源的注册信息，若发布的是服务，则需要向目标友元组组长上传服务描述文件 Service Profile。

(5) 上传服务描述文件 Service Profile。

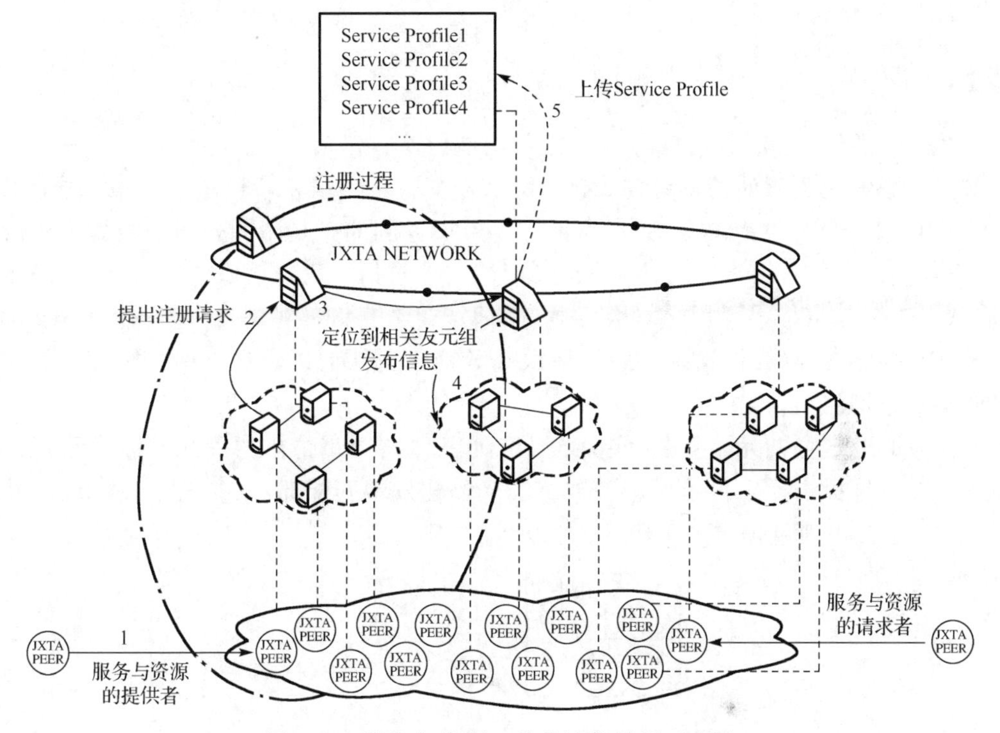

图 5.10　服务与资源一体化注册过程示意图

根据 DMOZ 的划分，定位网络层包含 16 个元素，即 JXTA 网络中存在着 16 个不同的友元组。每个组长用权重为 1.0 的一维向量描述，如 $g_1 = (\text{home}, 1.0)$，$g_2 = (\text{sports}, 1.0)$，$g_3 = (\text{computers}, 1.0)$ 等。当节点提出一个形如 $d = (\text{apple}, 0.5, \text{systems}, 0.3, \text{agents}, 0.2)$ 的注册信息时，由定位友元组算法计算可得该注册请求属于 Computers 友元组。据此，该注册信息将被发布在 Computers 友元组内。

当一个组的注册信息过多并大于设定的阈值时，该组称为热点友元组。热点友元组中的注册信息与查询信息数量过多，其所属的组长节点的工作负载也相应增加，会导致后续向该组注册或查询所产生的延迟相应增加。为解决此项问题，本书采用拆分分组的方式用以缓解热点友元组组长的负载压力。例如，当注册的信息大多是关于 Internet 及 Systems 时，系统将把友元组 $g = (\text{computers}, 1.0)$ 拆分成 $g_a = (\text{computers}, 0.5, \text{Internet}, 0.5)$ 和 $g_b = (\text{computers}, 0.5, \text{systems}, 0.5)$ 两个子组。

当节点需要移出系统时，该节点需要广播发出离线通告，相关友元组将删除该节点所提供服务与资源的注册信息及 Service Profile。若节点移出时没有发布任何离线通告，当友元组组长周期性地向组员发布通告时，会无法收到该节点的任何反馈。据此，与该移出节点相关的友元组仍然可以感知节点移出情况，并删除该移出节点的注册信息。

5.5.2 服务与资源一体化查询

图 5.11 描述了服务与资源一体化发现过程，其包括以下四个步骤。

(1)服务或资源的请求者向 JXTA 网络提交查询请求，请求信息可以发送给网络中的任意节点(设为 Peer B)。若请求者希望返回的只是服务列表，则其上传请求服务描述文件(request service profile)，该文件包括了所需要服务的 IOPE 及 QoS 信息。QoS 信息描述了用户对服务质量的要求。

(2)Peer B 将查询请求信息及请求服务描述文件上传到其所在组的组长节点(位于定位网络层)。

(3)通过定位友元组算法(参见 5.5.3 节)找到与查询请求相关的目标友元组。

(4)在目标友元组内执行服务与资源一体化发现匹配算法(参见 5.5.3 节)，并将匹配的结果(服务与资源)返回给用户。

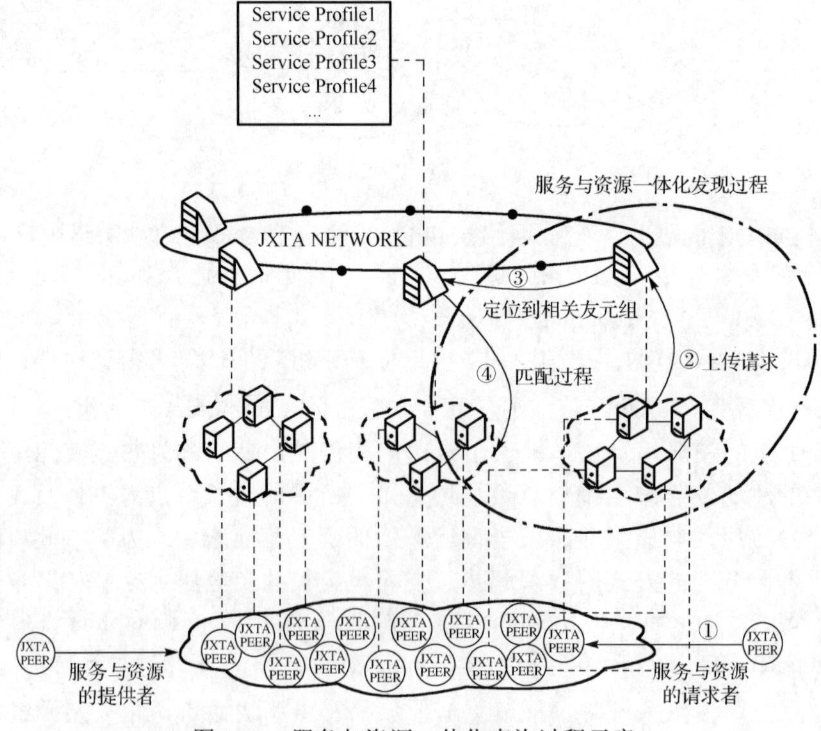

图 5.11 服务与资源一体化查询过程示意

当一个节点提出形如 $s = (\text{Olympics}, 0.6, \text{Beijing\_2008}, 0.4)$ 的查询请求时，根据定位友元组算法，查询请求首先被发布于 Sports 友元组内。通过服务与资源一体化匹配算法，一体化发现系统向请求者返回匹配的资源和服务列表。若用户请求的是服务，则需要上传请求服务描述文件，其包含了所请求服务的 IOPE 及 QoS 信息。通过带有 QoS 的服务匹配算法，用户即可获得满足需求的服务信息。

一体化查询系统采用两层查询方式进行服务与资源的匹配和查找，第一层存在于定位网络层，通过定位友元组算法为查询请求找到相应的目标友元组；第二层存在于目标友元组内部，其通过服务与资源一体化匹配算法及带有 QoS 的服务匹配算法在友元组内部进行查询请求的匹配。通过分层次的查询匹配方法可以有效提高查询效率，因为相关友元组初步限定了查询匹配的范围，匹配过程仅涉及对相关联的注册信息进行匹配操作，有效地降低了相关的系统运算代价。

文献[124]采用语义向量(semantic vector)描述资源，每个节点包含大量的语义向量。节点计算它所包含的每个语义向量与不同聚类的语义距离，加入其所包含的多数语义向量所在的聚类。也就是说，文献[124]所提出的资源发现方法是以节点为中心的，每个节点只能加入一个聚类中。这种以节点为中心的发现方法，对数据的加入、删除、更新等操作不敏感。为了解决这一问题，本书提出的服务与资源一体化发现模型采用以数据为中心的方式进行注册与查询，即每个节点根据其所提供内容的不同，加入不同的友元组中，进而在不同的组内进行统一的注册及查询。

5.5.3　相关算法

基于本书提出的一体化查询系统中所采用的两层查询方式，本节将具体介绍相应的两层查询匹配算法：第一层使用定位友元组算法；第二层使用服务与资源一体化匹配算法及带有 QoS 的服务匹配算法。其中，带有 QoS 的服务匹配算法已在本书前面有过阐述，本节则具体阐述定位友元组算法和服务与资源一体化匹配算法。

算法 5.2：定位友元组算法(Locating Related Groups)

```
Input:
request advertisement D=(c1, v1, c2, v2, … , ci, vi, … , cn, vn), (1≤i≤n);
Thesaurus Ontology Ont;
Friend group leaders S={g|g=(c1, v1, c2, v2, … , cj, vj, … , cn, vn), (1≤j≤n)};
      //S 为友元组组长集合
Threshold;
```

```
Output: a list of related group leaders Leader_list;
begin
BuildTree(Ont);
//为词典本体 Thesaurus Ontology 建立树型结构
for each group leader g in S
sim_degree=0;
      for each c_i, v_i in d
sim=0;
        for each c_j, v_j in g
sim = sim + simBetween(c_i, c_j) × v_j ;
      // simBetween(c_i, c_j)表示词典本体中概念 c_i 与 c_j 间的语义相似度
sim _ degree = sim _ degree + sim × v_i ;
          if (sim _ degree ≥ Threshold)then
Leader_list.add(g);
            //将相似度值大于阈值的组长加入结果列表 Leader_list 中
        if (Leader_list==null) then
Leader_list.add(g), where the similarity degree between the request and
leader g is the maximum compared with any other leader in S.
//若结果列表为空，则选择相似度值最大的组长加入 Leader_list 中
return Leader_list;
end
```

定位友元组算法(locating related groups)的目标是为注册和查询请求选择相关友元组，其包含了三个步骤：①为词典本体建立树结构，以用于计算本体中概念间的相似度；②通过比较注册或查询请求与友元组组长间的相似度，选择相似度值大于给定阈值的友元组加入结果列表，当所有相似度值均低于阈值时，选择相似度值最大的友元组加入结果列表中；③返回结果列表，用于提供所需的友元组。概念 c_i 与 c_j 间的相似度由式(5.3)计算可得

$$\mathrm{SimBetween}(c_i,c_j)=\begin{cases}\dfrac{\alpha\times(l_1+l_2)\times\max(|l_1-l_2|+\alpha,1)}{\mathrm{dis}(c_i,c_j)+\alpha}, & \mathrm{dis}(c_i,c_j)=|l_1+l_2|\\[2ex] \dfrac{\alpha\times(l_1+l_2)\times D^2}{(\mathrm{dis}(c_i,c_j)+\alpha)\times\max(|l_1-l_2|,1)}, & \mathrm{dis}(c_i,c_j)<|l_1+l_2|\end{cases}$$

算法 5.3：一体化匹配算法(Unified Matching)

```
Input:
search request advertisement S=(c_1, v_1, c_2, v_2, ⋯ , c_i, v_i, ⋯ , c_m, v_m) ,
   (1≤i≤m);
Thesaurus Ontology Ont;
```

```
registered resource description set
    V={p | p = (c1, v1, c2, v2, … ,
    cj, vj, … , ct, vt), (1≤j≤t)};
//已经注册的服务与资源描述集合 V 属于由算法 5.2 所得到的相关友元组
threshold;
Output: a list of related resources Result_list;
begin
BuildTree(Ont);
//为词典本体 Thesaurus Ontology 建立树型结构
for each registered resource p
  sim_degree=0;
      for each ci,vi in s
        sim=0;
        for each cj,vj in p
          sim = sim + simBetween(ci, cj) × vj;
        sim _ degree = sim _ degree + sim × vi;
  if (sim _ degree ≥ threshold) then
    Result_list.add(p);
        //将相似度值大于阈值的已注册的服务与资源加入结果列表
        //Result_list 中
    if (s has a request service profile) then
      go to the algorithm of service matching with QoS
    if (Leader_list =null) then
      Leader_list.add(r), where the similarity degree between
        the request and resource r is the maximum compared with
        any other registered resource p in V.
    //若结果列表为空，则选择相似度值最大的服务或资源加入
    //Result_list 中;
   return Result_list;
end
```

服务与资源一体化发现过程(即一体化匹配算法)只在相关友元组内执行。它通过计算友元组内已注册的信息(包括资源与服务两种类型)与用户需要的查询请求之间的相似度将满足要求的(即相似度值大于给定阈值)服务与资源加入结果列表中。当用户提交的查询请求中包括请求服务描述文件时，系统需要运行带有 QoS 的服务匹配算法(见 4.2 节)，以向用户返回满足需求的服务列表。

目前，基于语义的服务与资源描述方法有很多种。文献[124]采用的是向量空间模型(vector space model，VSM)与潜在语义标注(latent semantic indexing，LSI)[175,176]的语义描述方式。LSI 可以消除 VSM 带来的同义、多态及高维等问题，

同时能够发现概念间潜在的语义关系，但此种方法需要执行复杂的计算过程。鉴于此，本书提出的基于语义向量描述信息及本体来实现服务与资源一体化发现的方法，能够消除 VSM 引发的同义、多态及高维等问题，且计算过程相对简便，同时，不需要类似 LSI 的复杂计算流程。

5.6 一体化发现系统性能分析

时间代价与空间代价是判断系统性能的两个主要依据。本节基于存储开销(storage overhead，SO)及查询反应时间(query response time)对服务与资源一体化发现原型系统进行性能分析。存储开销定义为节点平均存储的信息量，查询反应时间定义为请求发送时刻与结果列表返回时刻的时间间隔。

5.6.1 存储开销分析

节点的存储开销分为两部分，分别涉及组长节点的存储开销及友元组内节点的存储开销。友元组内节点的存储开销主要涉及四个方面：①节点内用于描述注册服务及资源的语义向量；②描述服务的服务描述文件；③描述查询服务及资源的语义向量；④描述请求服务的描述文件。相应地，节点的存储开销为

$$\mathrm{SO}_{\mathrm{peer}} = K_r \times \overline{S_r} + K_s \times \overline{S_s} + Q_r \times \overline{S_r} + Q_s \times \overline{S_s} \tag{5.4}$$

式中，K_r 为描述注册服务及资源的语义向量的平均数量；K_s 为服务描述文件的平均数量；Q_r 为描述查询服务及资源的语义向量的平均数量；Q_s 为请求服务描述文件的平均数量；$\overline{S_r}$ 为描述服务及资源的语义向量的平均开销；$\overline{S_s}$ 为服务描述文件的平均开销。

组长节点的存储开销除了包括一般节点的存储开销，还包括该友元组内注册的服务描述文件、词典本体、领域本体以及服务与资源一体化描述本体的相关开销。因此，组长节点的存储开销为

$$\mathrm{SO}_{\mathrm{leader}} = S_T + S_D + S_U + G_s \times \overline{S_s} + K_r \times \overline{S_r} + Q_r \times \overline{S_r} + Q_s \times \overline{S_s} \tag{5.5}$$

式中，S_T 为词典本体的大小；S_D 为领域本体的大小；S_U 为服务与资源一体化描述本体的大小；G_s 为该友元组内所有注册服务的平均数量。

5.6.2 查询响应时间分析

节点的查询响应时间由三部分组成：友元组的定位时间、友元组内服务与资源一体化匹配时间、带有 QoS 的服务匹配时间。查询响应时间花费的计算如下：

$$\text{Time}_{\text{query}} = \overline{\text{Time}_{\text{location}}} + \overline{K_{\text{peer}}} \times \overline{\text{Time}_r} + G_s \times \overline{\text{Time}_s} \tag{5.6}$$

式中，$\overline{\text{Time}_{\text{location}}}$ 为每个查询请求所需要的友元组的平均定位时间；$\overline{K_{\text{peer}}}$ 为友元组内平均节点数；$\overline{\text{Time}_r}$ 为基于语义向量的服务与资源一体化查询匹配消耗的平均时间；$\overline{\text{Time}_s}$ 为基于语义的服务匹配时间；G_s 为该友元组内所有注册服务的平均数量。

5.7 实验结果与分析

为了测试及评估提出的基于语义的服务与资源一体化发现方法，本书介绍作者开发的分布式服务与资源一体化发现原型系统。本节基于原型系统，测试基于语义的分布式服务与资源一体化发现方法的性能。性能测试主要包括三个方面：查询正确性、查询效率及用户满意度。

5.7.1 实验环境

分布式服务与资源一体化发现原型系统采用了 NetBeans5.5.1、Protégé[152]、Jena 2.5.1[177]、Apache Tomcat 6.0.14、MySQL 5.2、OWLS-MX[149]以及 JXTA 等工具。

Protégé 是一个开放源码的本体开发环境，Protégé OWL Plugin 拥有友好的可视化环境。用户可以通过图形用户界面创建 OWL 的类和属性，同时它有 Racer[178]机的接口，用户可以使用它描述逻辑推理。本书主要使用了 Protégé 开放源码的 Java API 创建本体。

Jena 是一个用于开发基于 RDF 与 OWL 语义 Web 应用程序的 Java 工具箱，其提供了 RDF API、ARP(RDF 解析器)、SPARQL(W3C RDF 查询语言)、OWL API 以及基于规则的推理机。本书实验阶段采用了 Jena 的 OWL API 来查询和解析本体文件。

OWLS-MX[149]是一种完全基于 Java 的混合式语义服务匹配器，采用 OWL-S 描述服务，通过逻辑推理及基于内容的信息抽取技术实现服务的输入/输出(I/O)匹配。本书中将 OWLS-MX 集成到一体化发现原型系统，并对其进行扩展从而使其能够实现带有 QoS 的语义服务匹配功能。

表 5.1 列出实验参数及系统设置值。本书在实验中创建了含有 2000 个向量元的一维语义向量描述服务与资源和 110 个查询向量。服务描述文件及查询文件来自 OWLS-TC 2.2(同 4.3 节)，为了实现带有 QoS 的语义服务查询，实验中

对 OWLS-TC 2.2 集合中的服务描述文件进行了扩展，使其带有服务质量等级信息。

表 5.1　实验参数列表

参数名称	参数值	参数描述
K_V	2000	描述服务与资源的一维语义向量数目
K_q	110	描述查询请求的一维语义向量数目
K_s	1084	带有 QoS 的语义服务描述文件数目
K_r	29	带有 QoS 的语义服务请求文件数目
r	3～8	描述服务与资源的一维语义向量中特征项的数目
q	3～6	描述查询请求的一维语义向量中特征项的数目
v_i	0～1.0	特征项的权重
Threshold	0.5～0.8	相关友元组相似度阈值
threshold	0.5～0.9	服务与资源一体化查询算法中的相似度阈值
G	≥16	原型系统中友元组的数目
S	≤1.0	用户满意度

5.7.2　正确性评估

正确性评估主要涉及两项因素：查准率及查全率。查准率表示返回结果列表中相关服务与资源的数目与返回结果列表中服务与资源的总数之比。查全率表示返回结果列表中相关的服务与资源的数目与系统中所有相关的服务与资源的数目之比。查准率(P)与查全率(R)的计算公式如下：

$$R = \frac{|A \cap B|}{|A|} \times 100\% \tag{5.7}$$

$$P = \frac{|A \cap B|}{|B|} \times 100\% \tag{5.8}$$

式中，A 为系统中所有相关的服务与资源的数目；B 为返回结果列表中服务与资源的总数。

本节通过四项实验对系统的正确性进行评估：①特征项的数量对查准率的影响；②一体化发现方法与单独的资源或服务发现方法的查准率比较；③基于语义的方法与基于关键词方法的查准率比较；④集中式查询方法与分布式查询方法的查准率比较。

1. 实验 1：特征项的数量对查准率的影响

实验 1 测试了服务与资源的一维语义向量中特征项数目 r 与查询请求的一维语义向量中特征项数目 q 对查准率的影响，图 5.12 展示了测试结果。由图 5.12 可见，当 $q=4$ 时，随着 r 的增加，查准率持续增加，当 r 值大于 6 时，查准率增长显著放慢。当 $r=6$ 时，随着 q 值的增加，查准率也相应有所增加，当 q 值大于 4 时，查准率则基本没有明显的增加。实验结果说明描述服务与资源的一维语义向量中特征项的数目不是越多越好，r 的理想值为 6，描述查询请求的一维语义向量中特征项数目的理想值 q 为 4。

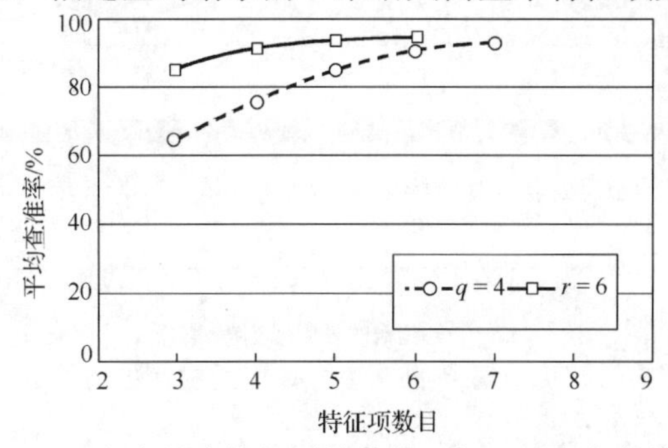

图 5.12　语义向量中特征项的数量 r 与 q 对查准率的影响

2. 实验 2：一体化发现方法与单独的资源或服务发现方法的比较

实验 2 分别比较了服务与资源一体化发现方法与单独的资源发现方法及服务发现方法的查准率。如前面所述，一体化发现方法分为两个层次：第一层是基于语义向量的服务与资源匹配过程；第二层为带有 QoS 的服务匹配算法。当第一层的语义向量描述的仅为资源时，即为单独的资源发现过程；第二层则为服务发现过程。由图 5.13 可知，与单独的资源发现方法相比，一体化发现方法的查准率有所提高。与单独的服务发现方法相比，一体化发现方法的查准率却有所降低。这是因为单独的服务发现方法的匹配精度远大于单独的资源发现方法。

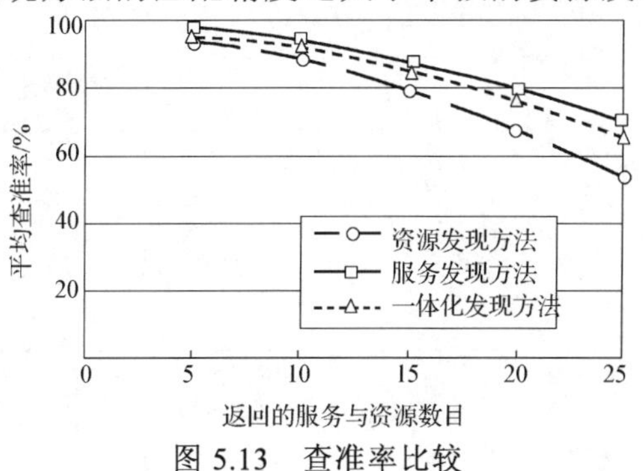

图 5.13　查准率比较

3. 实验 3：基于语义的方法与基于关键词方法的查准率比较

实验 3 比较了基于语义的服务与资源发现方法与基于关键词的匹配方法的查准率。实验设定 $r=6$，$q=4$。当语义向量所表示的特征项只取一位，即其相应权重为 1.0 时，查询方法变为基于关键词的方法。图 5.14 为实验仿真结果，由该图可知，基于语义的发现方法的查准率高于基于关键词匹配方法的查准率。

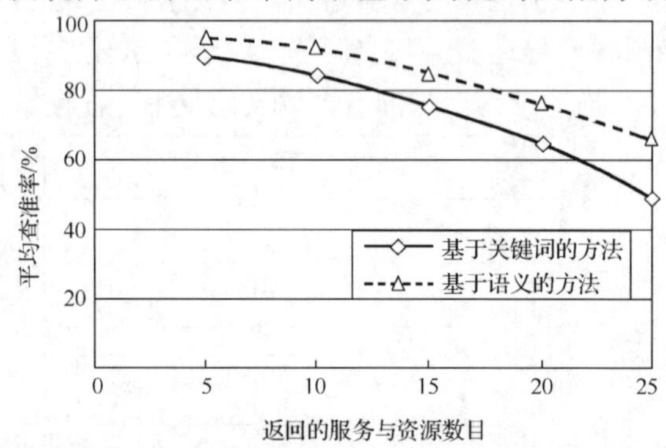

图 5.14　基于语义的方法与基于关键词的方法比较

4. 实验 4：集中式与分布式的比较

实验 4 比较了集中式发现方法与分布式发现方法的查全率与查准率。本书提出的原型系统采用分布式方法来实现服务与资源的查找，其将服务与资源按照语义特征分配到 16 个友元组中。集中式的方法则不对服务与资源进行分组，并采用统一的注册与查询方式执行任务。图 5.15 与图 5.16 分别展示了集中式和分布式的查准率与查全率比较结果。结果显示，分布式查询系统的查准率高于集中式查询系统，而分布式查询系统的查全率却低于集中式查询系统。这是因为分布式查询系统只对相关友元组内的服务与资源进行查询匹配，而集中式查询系统则对所有注册的服务与资源进行查询匹配，因此在查全率方面呈现出相对较低的情况。

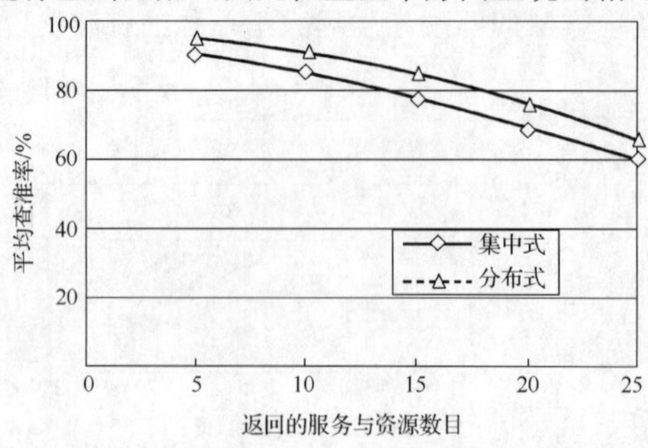

图 5.15　集中式与分布式的查准率比较

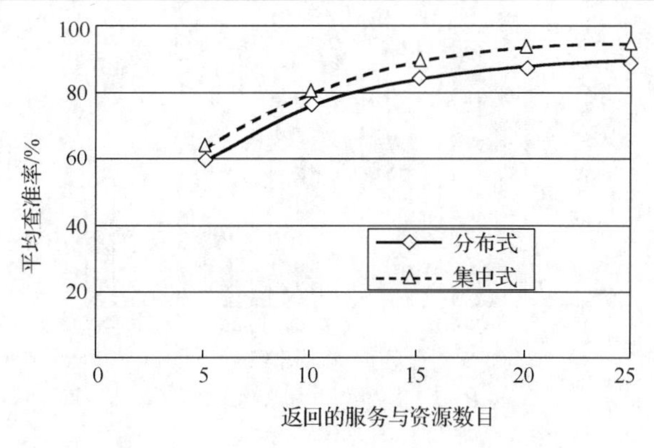

图 5.16　集中式与分布式的查全率比较

5.7.3　效率评估

本书通过实验对分布式服务与资源一体化发现方法及集中式发现方法的查询效率进行比较。分布式方法的查询匹配操作只发生在少数几个相关友元组内，比集中式方法节省了很多查询时间。如图 5.17 所示，随着服务与资源数目的增加，集中式查询方法的查询消耗时间呈线性增长，而分布式查询方法的查询消耗时间则增长缓慢。

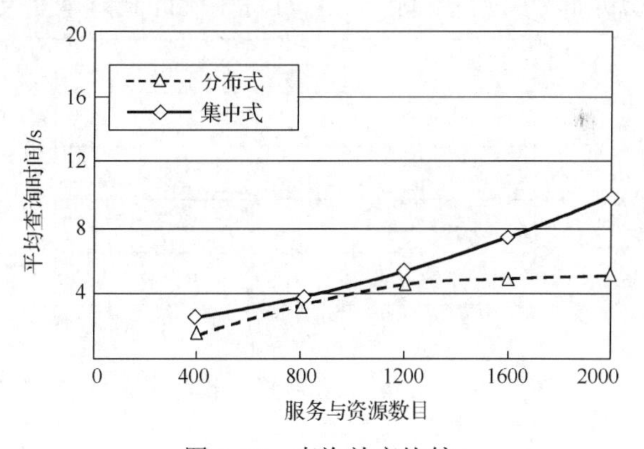

图 5.17　查询效率比较

5.7.4　用户满意度比较

本书通过实验对服务与资源一体化查询方法与单独服务或资源查询方法的用户满意度进行比较。用户满意度的定义参见 4.3 节。图 5.18 展示了用户满意度比较结果，由图 5.18 可知，基于语义的服务与资源一体化查询方法有效地提高了用户满意度。

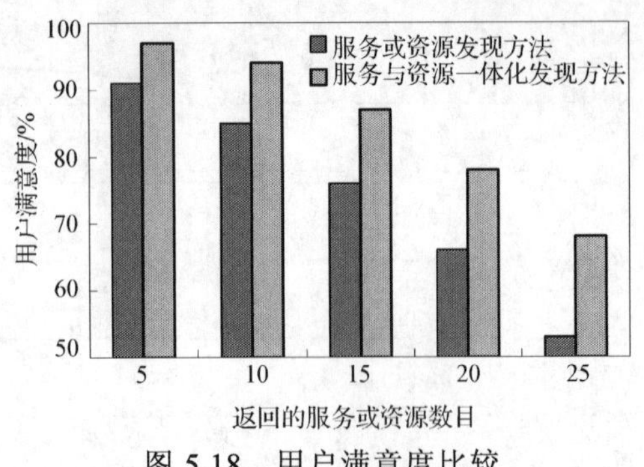

图 5.18 用户满意度比较

5.7.5 节点的加入和离开对原型系统影响的评估

网络中，节点一直处在动态更新的过程中，节点的不断加入与离开均会对系统的查询效率及查准率产生影响。在此，节点加入比率被定义为新加入的节点数目与原有节点数目之比；节点离开比率则被定义为离开系统的节点数目与原有节点的数目之比。如图 5.19 和图 5.20 所示，随着新节点的加入，即节点加入比率提高，原型系统的查准率在不断增加，而查询时间也在不断增加。当离开系统的节点增多时，即节点离开比率提高，虽然查询效率有所提高，但查准率却在持续降低。图 5.21 和图 5.22 分别说明了节点离开系统时对系统的查询效率与查准率的影响。

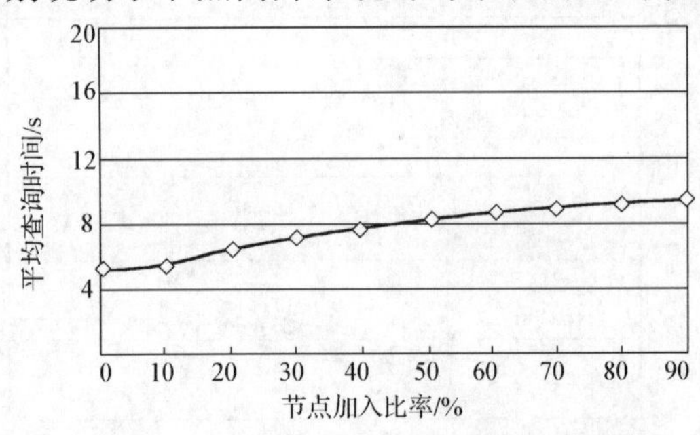

图 5.19 节点的加入对查询效率的影响

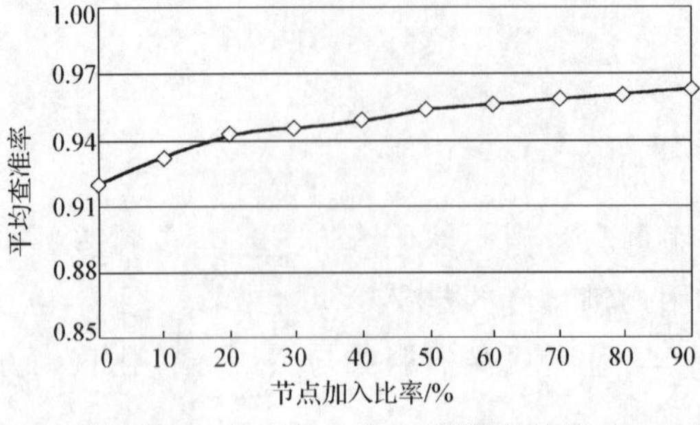

图 5.20 节点的加入对查准率的影响

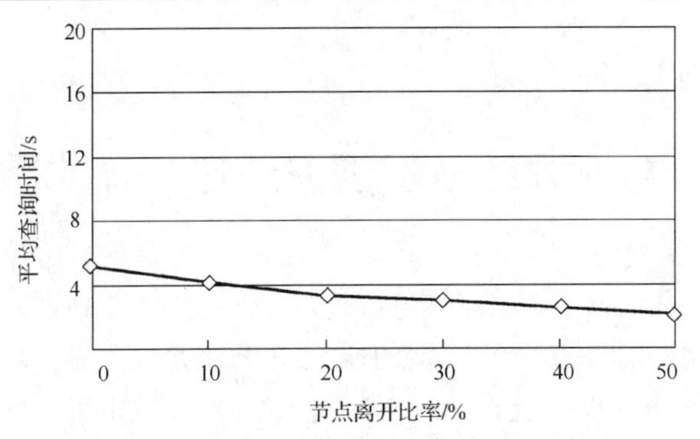

图 5.21　节点的离开对查询效率的影响

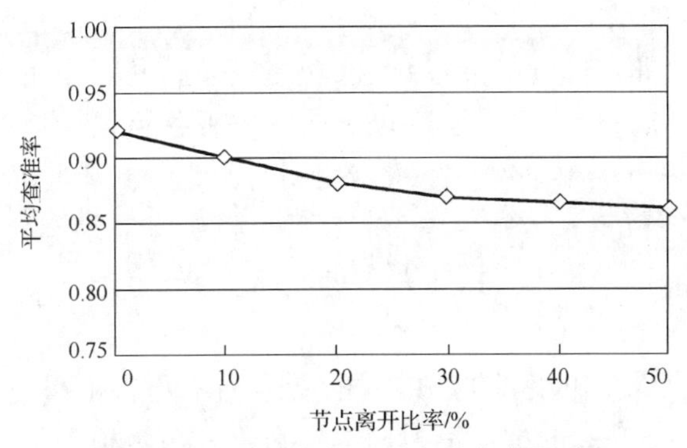

图 5.22　节点的离开对查准率的影响

5.8　本章小结

本章介绍了基于语义的分布式服务与资源一体化发现原型系统，并通过实验的方法分析了原型系统的性能。在其中，本章阐述了领域本体与词典本体的创建过程，这两类本体是实现基于语义的服务与资源一体化发现方法的基础。在服务与资源的检索过程中，概念的语义相似度计算起着重要的作用；基于概念间的距离及概念的粒度与语义相似度的关系，提出了语义相似度的计算方法。为了适合大规模网络的发展需求，本章设计采用 JXTA 构建服务网络，其具有互操作性、平台无关性、广泛性三大特点。本章接下来介绍了一体化发现原型系统的结构，其主要包含三个层次，目的是可以更好地实现服务与资源的定位。在此基础上，阐述了服务与资源的一体化注册与发现过程及相关算法，并对提出的服务与资源的一体化注册及发现过程进行了性能分析，重点关注了原型系统的存储开销及查询反应时间，测试了基于语义的分布式服务与资源一体化发现方法的查询正确性、查询效率及用户满意度。

第6章 服务与资源统一发现方法在一体化网络中的应用

本书主要依托作者承担参与国家重点基础研究发展计划(973 计划)“一体化可信网络与普适服务体系基础研究”的研究工作，重点面向一体化可信网络研究服务与资源的一体化标识和查询。本章首先介绍“一体化可信网络与普适服务体系基础研究”中普适服务的相关概念以及服务和资源与普适服务的关系；接下来讨论现有网络存在的缺点与不足，以及为了解决这些不足所提出的下一代网络——一体化网络的结构与原理；最后重点介绍本书研究工作在一体化网络中的两项重要应用：服务与资源的统一描述与命名——服务标识 SID 的生成；用户描述向服务标识映射——一体化搜索引擎的实现。

6.1 普适服务

传统电信网和互联网的运营模式不同，分别有着不同的体系结构和技术体制，提供的服务/业务(service)也是各不相同的。service 在两种不同的运营模式中有着不同的含义。其在电信网领域被解释为“业务”，在互联网领域被解释为“服务”。随着技术与市场的发展，电信网和互联网的运营模式开始相互借鉴，技术产生相互渗透，各自提供的服务也逐步扩展、重叠并趋同，电信网和互联网的融合已成为必然趋势，“一体化网络与普适服务”的新体系结构应运而生。普适服务融合了电信、计算机、互联网等各个领域对未来服务的需求和期望，描述了新一代网络提供服务的特征。

2004 年，IEEE 首次创办了普适服务国际会议 ICPS[179]，其内容除了普适计算等传统主题外，还新增了普适服务及其应用。需要指出的是，本书提及普适服务中的“服务”是一个广义概念，包括了本书所指的服务与资源。目前，普适服务虽然没有明确统一的定义，但普适服务至少应该支持：广泛的资源与服务发掘、灵活的资源与服务处理、多样化的资源与服务种类。同时，普适服务应该具备以下特征。

(1) 多样性(variety)：服务的种类多、应用范围广。

(2) 透明性(transparency)：网络的复杂性应对用户透明，也对服务提供商(service provider，SP)透明。

(3) 移动性(mobility)：当服务与资源移动时，用户仍然可以查找并定位到相应的服务与资源。

(4) 质量可控性 (QoS-guarantee)：服务质量是可控的，可以根据需要进行选择。

(5) 个性化 (customization)：用户能够定制个性化的服务，能够体现用户的个人偏好和个人特征，SP 能够通过数据挖掘发现用户的个人偏好。

(6) 自适应性 (adaptiveness)：服务能够根据用户所处的上下文做出自适应性的改变，以提升用户体验。

(7) 主动性 (initiative)：SP 能够根据用户的需求主动向用户推荐其所需要的服务。

(8) 安全性 (security)：服务的提供是安全可靠的、非恶意的。

(9) 易用性 (accessibility)：服务的访问使用难度较低，人机交互方便灵活。

(10) 快捷性 (time-to-market)：服务的开发周期短，开发难度低。

6.2　现有网络的缺点与不足

互联网从其诞生以来一直保持高速发展，已成为当前最成功、最具生命力的通信网络，其灵活的可扩展性、高效的分组交换、终端强大的功能等特点非常符合新一代网络的设计需求，将是新一代网络设计的主要参考蓝本。然而，传统互联网尚存在很多重大的设计问题，其结构还有较多的改进之处。

首先，传统互联网在服务与资源的命名、描述、定位、获取等方面存在一些问题，其主要表现在以下方面。

(1) 缺乏统一命名和标识机制。一方面，互联网缺乏对各种应用服务的统一描述。例如，端口号最初设计仅仅是用来区分不同的数据流，但是随着互联网的飞速发展，各种服务不断涌现，人们需要一个能够描述不同服务的标识，于是端口号被赋予了第二重功能——标识互联网服务。这样就造成了端口号在最初设计的无意义性与有意义的服务区分之间产生矛盾：第一，端口号必须通过一一映射来完成对服务的标识；第二，针对端口号的攻击成为网络安全防范的重点；第三，运营商会通过端口号限制应用，对互联网开放和应用推广难免产生阻碍。另一方面，服务方式的不统一造成了互联网资源的浪费。随着信息网络技术的飞速发展及用户通信需求的日益增长，网络服务不断涌现。纵观各种类型的服务可以发现，服务之间存在着实现方式不同、服务类型不同、服务面向终端不同等问题，其不仅导致了网络服务的兼容性、可扩展受限以及难以统一控制管理等问题，也造成了基础设施的重复建设和资源的巨大浪费。

(2) 现有网络的设计是以主机为中心，而不是面向服务与资源，其不利于数据的移动，而且无法很好地支持未来网络对普适服务的要求。在传统互联网体系结构中，IP 地址既作为终端的身份标识也作为终端的位置标识。这种方式不利于支持终端的移动性，IP 地址的变化会导致原有建立的传输连接中断，需要重新建立连接。同时，这种方式也存在较高的安全风险，容易受到攻击。

(3)当前互联网的服务等级区分不够精细，服务缺乏 QoS 信息。现有网络是采用“尽力而为”的服务策略，此种策略的不分等级方式难以很好地满足用户多样化的需求。

(4)服务与资源的查询方式过于简单且不够灵活。

现有网络基于 DNS 进行资源与服务的定位和查找，而现有 DNS 系统和域名对资源的描述信息很少，仅仅完成从一个域名到一个 IP 地址的简单解析，此种方式不能很好地适应网络发展的需要[180]。由于域名的定义依赖于主机的地理位置，所以 DNS 及域名解析是面向主机的。当服务与资源位置发生变化时，其域名随之变化，因而用户连接会随之中断。在网络服务与资源的处理过程中，用户关心的往往是服务与资源本身而不是其所在位置。鉴于此，服务与资源的标识应该长期存在，不随其位置变化而发生改变。

当前互联网的两个主要全局名字空间是域名和 IP 地址，它们的分配都依赖于下层的位置和结构。为了获得可扩展的路由需要 IP 地址反映网络拓扑。域名虽然比 IP 地址的分配灵活，但本身携带了管理域结构，也依赖于地理位置。由于服务与资源本身与其所属的管理区域或位置无关，所以服务与资源经常会被移动到其他区域，此种移动会使域名失效，造成互联网资源难以灵活迁移。

此外，DNS 还存在记录更新较慢、纠错能力差、配置容易出错、负载均衡性能较弱等问题[181-185]，这些问题的解决需要设计新的网络资源命名和解析机制。

URN 是现有解决这一问题的有效方案之一，其目的是对互联网的所有资源进行统一的命名，即对资源提供统一资源名。传统的域名实际上是与资源位置即资源所在的主机相关的，而统一资源名是与资源位置无关的，在具体工作过程中可以通过将统一资源名解析为域名实现定位。与 DNS 相比，URN 的名字解析在复杂性、解析失败概率等方面相对较高，其具体实现仍采用 DNS 框架，因此仍然具有 DNS 系统本身的一些局限性。

从网络传输过程来看，传统网络主要通过单一通道建立单一服务连接，此种方式会引发可靠性差、数据间相互影响、数据安全性差、传输效率低等问题。

传统互联网的不足使其无法满足普适服务在灵活资源处理、深度资源发掘等方面的需求，这种问题将随着网络资源应用形式的多样化和复杂化逐渐严重。

6.3 一体化网络结构

现有信息网络主要是采用一种网络支撑一种主要服务的原创模式下融合发展

演进的，电信网主要面向语音业务设计，无法适应宽带流媒体业务的需要；互联网只能支持数据业务，随着网络用户规模和应用数量的持续增长，互联网的服务质量、可信性、移动性、安全性等方面存在的问题逐渐凸现出来[186]。现有信息网络及演进方案受原创模式设计思想的限制，无法从本质上满足当前和未来服务多元化的要求。考虑到这些问题，“一体化网络与普适服务”的新体系结构应运而生[187-189]，其从解决网络服务原始设计问题出发，系统性地研究和设计新环境下网络服务的实现机制和机理。

为了解决传统网络中存在的问题，使其适应普适服务的发展，一体化网络结构将网络分成了两个层次，分别解决服务与资源的命名、描述、定位、获取及网络传输等方面的问题。

如图 6.1 所示，一体化网络模型包括了网通层(网络层面)和普适服务层(服务层面)。网通层完成网络一体化，普适服务层实现服务普适化，两个层次结合在一起，构成了一体化网络与普适服务体系的基础理论框架。

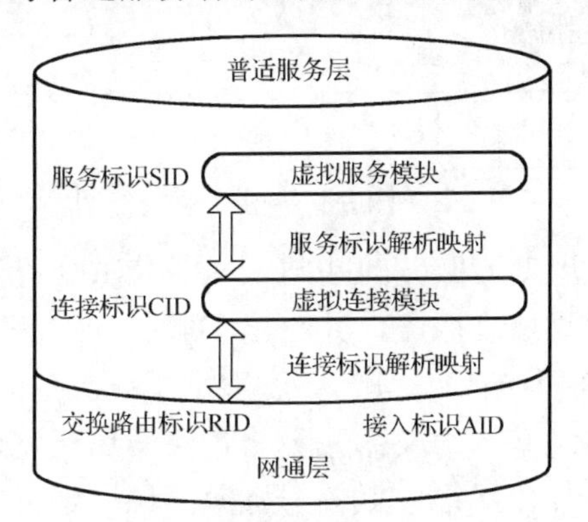

图 6.1　一体化网络与普适服务体系结构模型

网通层的作用是在一体化的网络平台系统中提供多元化的网络接入，为数据、语音、视频等多种业务提供一体化的网络通信方案，从而达成有效支持普适服务的目的。

普适服务层创建了虚拟服务模块、虚拟连接模块、服务标识解析映射和连接标识解析映射用以实现对各种业务的统一控制和管理等。虚拟服务模块是实现普适服务的基础，用于解决各种服务的统一描述和查询，解决统一的服务对象调度，实现服务的可控可管等。虚拟服务模块为支持多种服务提供可行性，是本书所阐述研究工作的集中所在，其引入了“服务标识”(SID)的概念。服务标识用于对多样化服务进行统一的分类标识和描述，从而为实现普适服务提供支持。虚拟连接模块通过引入连接标识使服务层对移动性和安全性提供较好支持，适合采用支持语音、视频等实时网络应用的新传输协议。

6.4 统一命名与定位

如图 6.2 所示，普适服务层包括了虚拟服务模块与虚拟连接模块，前者的主要功能是完成网络服务与资源的统一命名(SID 的生成)和定位，后者则主要负责服务连接的建立。

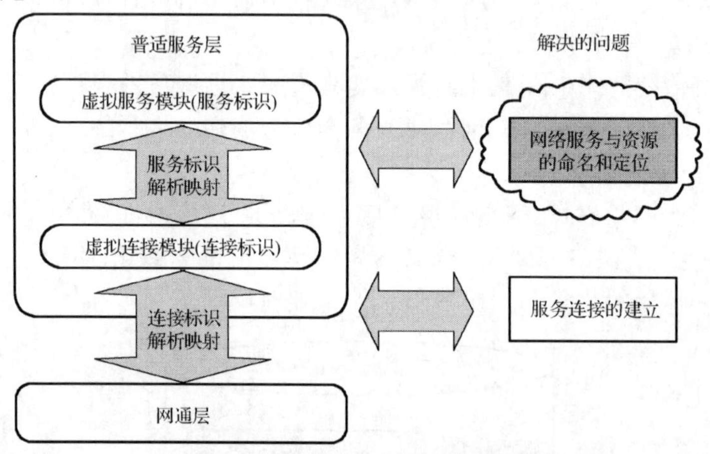

图 6.2 普适服务层模块功能图

虚拟服务模块是实现普适服务的基础。本书着重分析了网络服务和资源的联系，统一标识和处理各种网络服务，并给出了服务标识的定义。本书在定义服务标识时采用了“支持 QoS”的设计理念，以满足用户服务的个性化和多样化需求。在此基础上，本书提出了基于语义的服务与资源一体化发现方法并将其应用到一体化网络中用以实现一体化网络中服务与资源的统一定位。

6.4.1 服务与资源的统一描述与命名——SID

为了适应互联网的发展以及应对下一代互联网的设计需求，一体化网络提出了平面服务标识(flat name)以及服务标识映射机制，构建以数据为中心的一体化网络架构[189-191]。通过平面服务标识统一标注资源和网络服务，解决了数据的移动和复制问题;通过服务标识映射机制建立新的服务信息到连接信息的映射规则，解决了服务的移动性问题，并可以将网络中间件融合进网络。

如图 6.3 所示，一体化网络的设计包括五层名字空间结构，分别是用户描述、服务标识(service identifier，SID)、连接标识(connection identifier，CID)、接入标识(access identifier，AID)和交换路由标识(router identifier，RID)。另外，设计还涉及了三级映射，即用户描述到服务标识映射、服务标识到连接标识映射、连接标识到接入标识映射。本书所做工作主要集中在上两层的空间结构(用户描述、服务标识)和用户描述到服务标识的映射。为了更清楚地理解名字空间的结构，表 6.1 提供了一体化网络与传统网络的层次实体命名关系对比。

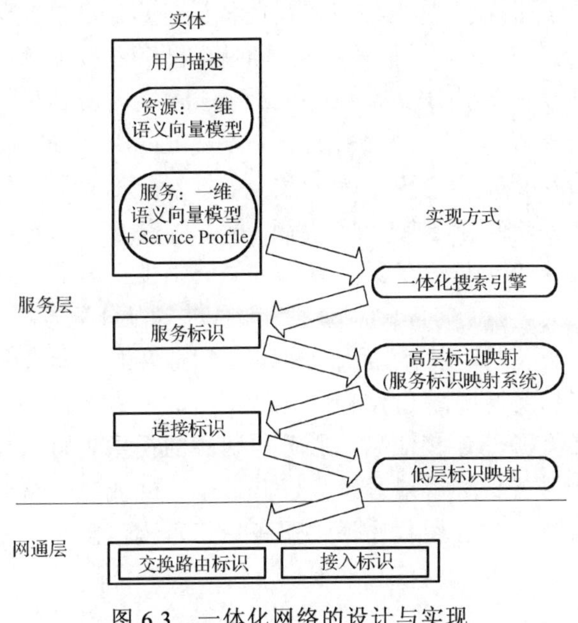

图 6.3　一体化网络的设计与实现

表 6.1　一体化网络与传统网络的层次实体命名关系对比

协议层	一体化网络	传统网络
应用层	SID	IP 地址
传输层	CID	(IP 地址，端口号)
网络层	RID，AID	IP 地址
链路层	MAC 地址	MAC 地址

图 6.3 所示的用户描述部分已在第 5 章进行了阐述，本节主要介绍第二层空间名字结构——服务标识(SID)的生成，以及服务标识映射系统的结构。

一体化网络使用 SID 代替现有网络中域名等网络服务与资源的标识，实现对网络中服务与资源的统一标识。服务标识是一个具有较长生存周期、可自我认证、定长唯一、与位置无关的平面标识[192-195]。此类平面标识结构不分级、不分层，没有内在的结构限制，无须依赖其他结构，因此能够完全将标识与位置分离。

SID 是通过对资源与服务的元数据(语义描述信息)进行哈希运算获得的。目前常用的哈希算法有 MD-5 和 SHA-1 两种，其哈希值大小分别为 128 比特位和 160 比特位。考虑到未来网络中服务与资源的爆炸式增长，本书选择采用 SHA-1 算法，其 SID 长度为 160 比特位。SID 的生成方式为：$\text{SID} = \text{Hash}(\text{Public Key}, \text{Meta Data})$。其中，Public Key 为服务与资源发布方提供的加密信息(即公钥)，供服务器、接收者确认该数据的真实性与完整性，确保数据在传输过程中不被窃取和篡改；Meta Data 为服务与资源提供者为加密信息提供的描述信息。若提供的信息为资源，则 Meta Data 代表资源的语义向量描述；若提供的信息为服务，则 Meta Data 代表服务的语义向量描述及服务描述文件(Service Profile)。Public key 与 Meta data 可以用于自我认证，当接收者收到数据后取出 Public Key 和 Meta Data 两项内容，经过哈希运算，检查结果是否与 SID 相一致。

服务标识(SID)的作用是唯一永久标识服务与资源，并实现服务与资源的路由发现，但是 SID 平面无语义的结构使得它缺乏对服务与资源的丰富描述，也无法提供灵活的地址映射机制。因此，除了为服务与资源分配一个 SID，还需要一个服务标识映射系统，用以实现将平面服务标识映射成资源或者网络服务的连接信息。

表 6.2 展示了服务标识映射结构，其经过一次或者多次映射过程将平面服务标识映射成服务与资源的连接信息。服务与资源的提供者将所提供的资源或者网络服务信息注册到服务标识映射系统，以此每个资源或者网络服务可得到一个全球唯一的平面服务标识。应用程序通过服务标识查询信息，从映射系统得到服务或者服务的连接信息以及其他信息摘要。

表 6.2　服务标识映射结构

<table>
<tr><td colspan="2">SID:0XA2BD58C45198D1D0DB66231D0473612A00B … (160bits)</td></tr>
<tr><td rowspan="2">映射</td><td>主映射信息：(AID$_1$, 传输协议，QoS 信息)；
(AID$_1$, 传输协议，QoS 信息)；
(AID$_1$, 传输协议，QoS 信息)；
…
(AID$_1$, 传输协议，QoS 信息)；
(SID$_1$，SID$_2$，SID$_3$，…，SID$_n$)</td></tr>
<tr><td>辅映射信息：Meta Data、QoS 信息、相对路径等</td></tr>
<tr><td colspan="2">TTL：注册信息的有效生存时间</td></tr>
</table>

如表 6.2 所示，服务标识是一个 160 位的分布式哈希值。映射服务器将 160 位的服务标识映射成连接信息。连接信息包括两个部分，分别是主映射信息和辅映射信息。主映射信息是一个三元组形式的连接信息(接入标识 AID，传输协议，QoS 信息)，该三元组用于生成建立服务连接时的连接标识或者服务标识串(SID$_1$,SID$_2$,⋯,SID$_n$)，用来融合网络中间件或提供灵活的服务组合等。经过多次映射，服务标识串最终也将被映射成三元组形式的连接信息。辅映射信息是一系列可扩展的信息，包括了 Meta Data、QoS 信息、相对路径等用以支持现有 DNS 的服务与资源发现。其中，TTL 是注册信息的有效生存时间。

与传统网络相比，基于服务标识的映射系统可以解决现有网络中数据移动性及网络中间件融合方面存在的问题。

1. 数据移动性

当用户需要查找服务与资源时，其关心的是资源或网络服务本身，而不是资源或网络服务的所在位置，因此服务与资源的命名应是与位置无关且长期不变的。然而，现有互联网 DNS 系统的设计是基于位置信息的，因此，DNS 系统无法有效地解决数据移动的问题。

如图 6.4 所示，假设资源 picture.jpg 存储在服务器 A 上，用户可以通过 http://www.A.com/picture.jpg 来访问资源。当资源 picture.jpg 从服务器 A 移动到服务器 B 时，用户可得的资源名称仍然是 http://www.A.com/picture.jpg，不发生改变，但却无法访问获得 picture.jpg。DNS 服务器只负责主机域名到 IP 地址的解析，由于对应的主机域名 www.A.com 没有发生变化，所以 DNS 解析并不进行更新。资源移动后，用户将不能再访问到原有资源 picture.jpg。这种数据丢失的问题归根到底是由于 DNS 是面向主机的、是以主机为中心的。以主机为中心的注册方式使得 DNS 不会感知数据的移动，所以不会执行相应的更新注册操作。因此，现有的面向主机的注册解析系统无法避免数据迁移所引发的数据丢失问题。

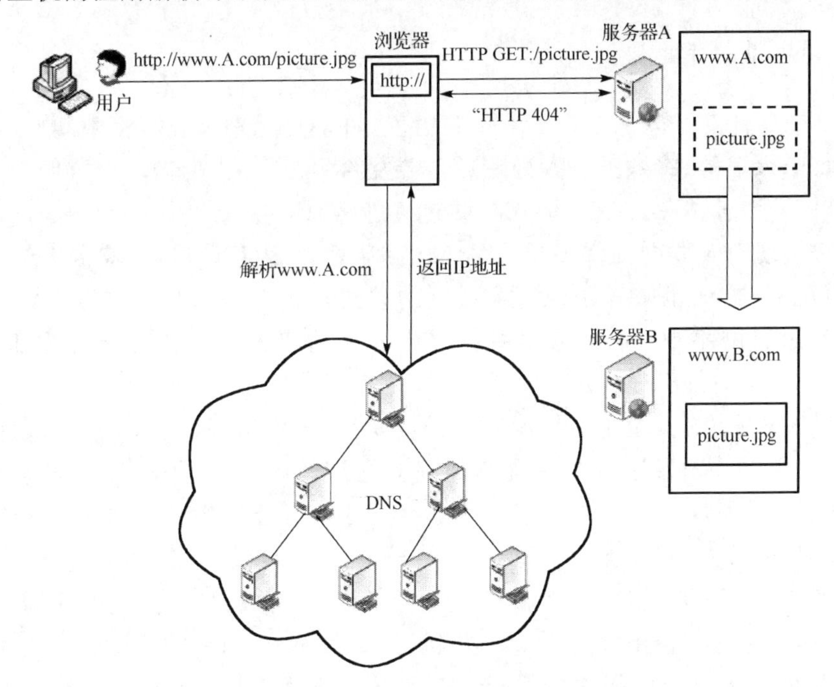

图 6.4　传统互联网中数据移动性问题

以数据为中心的服务标识映射系统允许数据迁移到不同的主机后，通过动态注册使网络用户可以再次访问获得该数据。如图 6.5 所示，资源 picture.jpg 从服务器 A 移动到服务器 B 后可以向映射系统重新注册，因此网络用户仍然可以获得该资源。

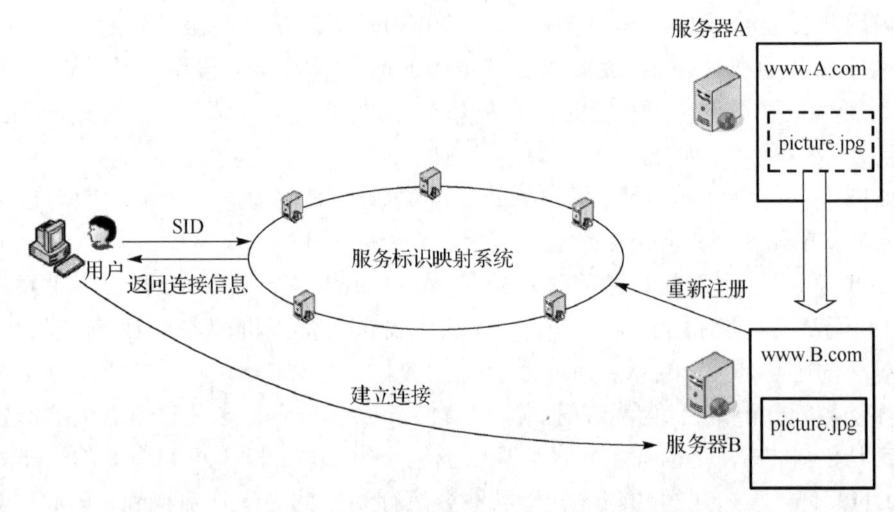

图 6.5　面向数据的服务标识解析映射

2. 网络中间件的融合

网络中间件在互联网中扮演着重要角色，许多应用都需要网络中间件(第三方服务器、防火墙等)将数据进行处理后再转发给用户[196]。例如，为了便于手机上网，WAP 网关需要将 HTML 格式网页转换为 WML 格式[197]。中间件的出现，一方面解决了现有互联网提供多样性服务、灵活处理信息和保障信息安全等方面的问题，但另一方面也破坏了现有互联网的层级结构。服务标识和服务标识映射能很好地融合网络中间件，在发挥网络中间件功能的同时，保持互联网的层级结构。

如图 6.6 所示，假设用户终端 C 请求的资源 SID 为 Sr，该资源由资源提供者 B 提供。用户首先通过映射系统查询服务标识 Sr，返回的结果是服务标识串(Sa,Sb)，表示用户的资源请求由 B 提供，但是需要通过中间件 A 进行处理后再返回给用户终端 C。得到服务标识串(Sa,Sb)后，用户终端 C 需要再次查询映射系统，找到 Sa 对应的网络位置为 Aa，此时，终端 C 的数据包内容包括服务标识串(Sr, Sa, Sb)、数据包的源地址 Ac，以及目的地址 Aa。由目的地址 Aa，数据包被转发到中间件 A 处。中间件 A 通过映射系统查询服务标识 Sb，得到下一跳的位置信息为 Ab。由中间件 A 的处理程序可以得到 A 的数据包信息，其封装了服务标识串(Sr, Sa, Sb)、数据包的源地址 Aa，以及目的地址 Ab。根据目的地址，中间件 A 的数据包被转发到终端 B，至此资源的请求过程结束。根据资源请求过程，终端B 提供的资源首先发送到中间件 A，经过服务器处理之后转发给用户终端 C，完成整个资源的处理过程。在此过程中，通过映射重定向，网络中的中间件不再破坏互联网的层级关系，有效地保持了互联网的透明传输。

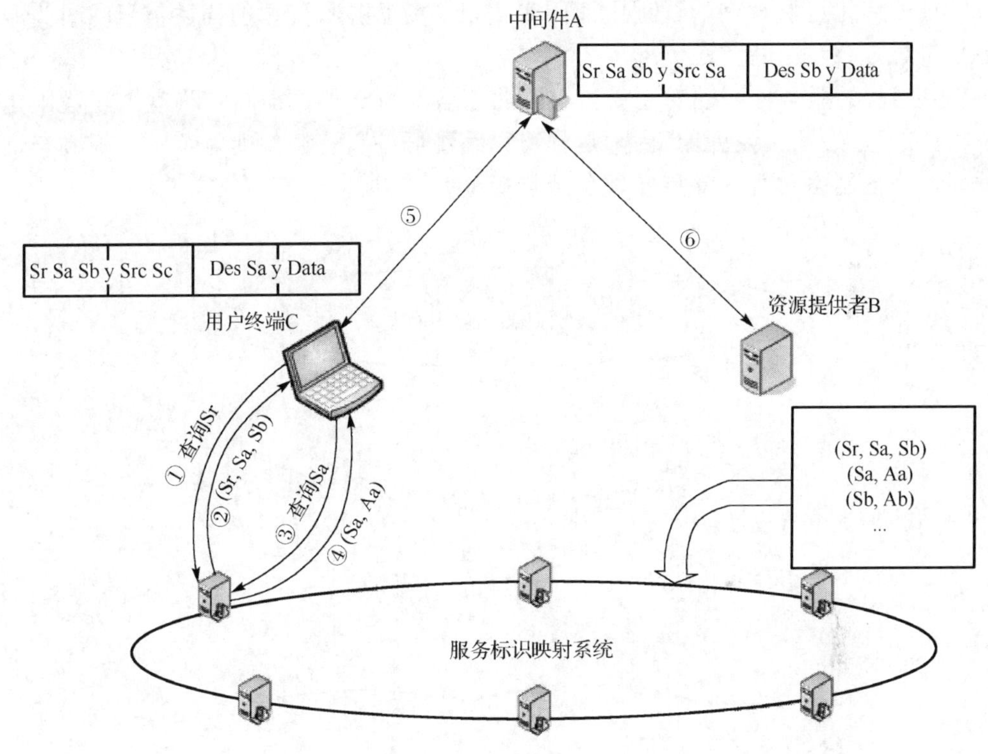

图 6.6　基于的映射系统融合中间件工作原理

6.4.2　用户描述到服务标识映射——一体化搜索引擎

一体化搜索引擎，是指切实考虑服务和资源的相互联系，执行一体化搜索，所得结果包括服务和资源两种类型的 SID。一体化搜索引擎融合了本书提出的服务与资源一体化发现原型系统与服务标识映射机制，实现了一体化网络中基于语义的服务与资源的统一注册和查询。如图 6.7 所示，一体化搜索引擎是一种基于分布式架构的映射系统，其包括三层结构：物理网络层、友元组网络层、服务标识映射层。物理网络层为按照地理位置进行划分的实际网络拓扑；友元组网络层是物理网络中的服务与资源提供者按照自身提供的信息内容进行语义分类后形成的分组；服务标识映射层是由SID映射服务器构成的网络层，不同的SID映射服务器负责不同的语义分组。与服务与资源一体化发现原型系统结构(参见第5章)相比，物理网络层与友元组网络层的结构基本一样，不同之处主要存在于上层的服务标识映射层。一体化搜索引擎中服务标识映射层的功能包含并扩展了一体化发现原型系统结构中定位网络层的注册与查询功能，SID映射服务器在实现服务与资源一体化注册查询的过程中，同时实现了将服务与资源的描述信息映射为服务与资源SID的过程。

分层次的服务标识映射系统，可以将服务与资源的注册与查询映射过程限定在相关的区域(相关友元组)内。这样可以缩小服务与资源的映射范围，提高查询效率，降低网络负载，支持实现负载均衡。

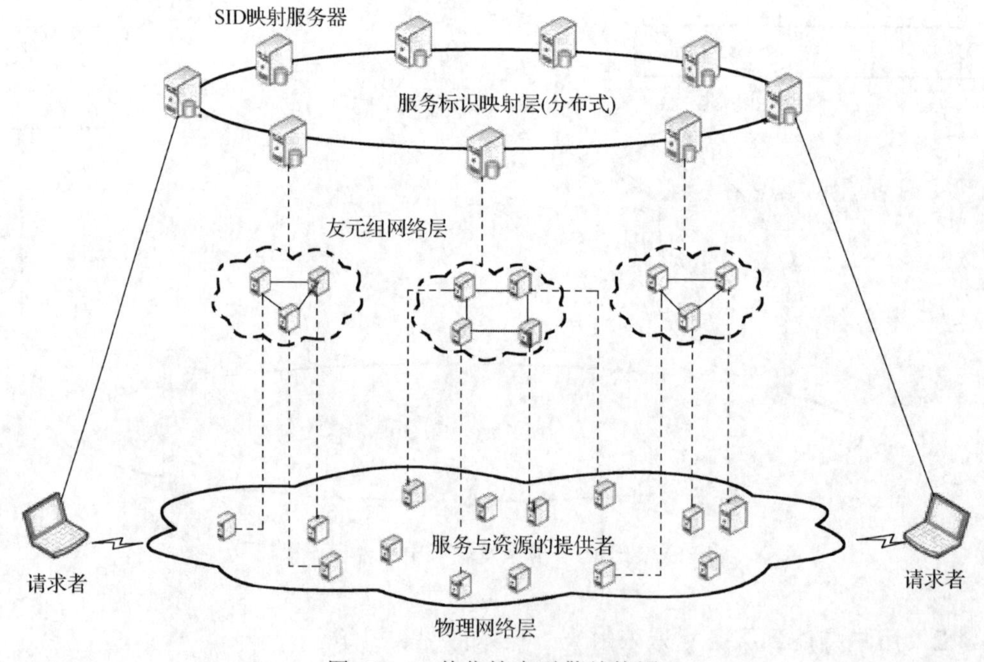

图6.7　一体化搜索引擎结构图

一体化网络中，服务与资源的注册和查询过程与本书提出的一体化发现原型系统中的服务与资源注册和查询过程类似，不同之处在于前者需要将注册和查询结果转换成服务标识SID。其注册和查询的具体过程如下。

(1)资源的提供者可以向任一友元组A提出注册请求，请求信息采用基于语义的方式(即通过语义向量)进行描述。如果需要注册的是服务，则需要上载服务描述文件。

(2)负责该友元组 A 的 SID 映射服务器 Sa 根据服务或资源的语义描述信息(Meta Data)将其请求转发到相关 SID 映射服务器 Sb 处。此过程使用了定位友元组算法(参见 5.5.3 节)。

(3)SID 映射服务器 Sb 通过 SHA-1 哈希算法，将注册信息映射成 160 比特位的哈希值。注册过程完成。

一体化网络中服务与资源的统一发现过程如下。

(1)服务与资源的请求者可以向任一友元组 B 提出查询请求，请求信息用基于语义的方式(语义向量)描述。如果需要查询的内容限定为服务，则需要上载服务请求文件。

(2)负责该友元组 B 的 SID 映射服务器 Sb 根据服务或资源的语义描述信息将其请求转发到相关友元组内。

(3)在相关友元组内，执行服务与资源的一体化匹配，一体化匹配算法参见 5.5.3 节。

(4)将匹配得到的服务与资源列表中服务及资源所对应的 SID 列表返回给用户。一体化发现过程完成。

一体化网络中服务与资源的统一标识 SID 是一种平面结构的名字，它本身不含有任何语义信息。为了实现带有语义的服务标识，将服务与资源的语义描述映射到平面名字空间；为了实现基于语义的服务与资源一体化查询，采用本书提出的服务与资源一体化发现方法来查询服务与资源(即先匹配，后生成 SID)，而不是采用基于分布式哈希表(distributed Hash table，DHT)的查询方法(即先生成 SID，后映射)。

6.5　本 章 小 结

传统网络已经不能很好地适应信息资源的多样性、动态性、安全性等要求。信息社会的发展已经使互联网成为日常生活的一部分。然而，随着网络应用的快速发展，用户对服务与资源的移动性、多样性、可靠性等方面提出了更高要求。传统网络由于其原始设计的限制，逐渐无法满足日益增长的个性化、多样化的服务需求，互联网在架构上迫切需要一场改变。国家重点基础研究发展计划(973 计划)“一体化可信网络与普适服务体系基础研究”启动了我国在新一代互联网体系方向的基础理论研究工作。

通过对现有网络服务的深入分析和研究，本书作者发现各种网络完成服务(业务)的机理和原理非常类似，即所有服务(业务)首先建立连接，然后这个连接再基于交换路由进行选路，实现数据传输。在这种共性机制的基础上，通过构建一体化网络提出了能够支持普适服务的服务标识与连接标识解析映射理论，并以此为核心创建了普适服务模型与理论。

本书的研究工作主要集中在一体化网络的普适服务层，并在其中将本书提出的服务与资源统一描述、统一发现的方法应用在一体化网络中，提出了服务与资源的统一描述与命名方法，实现了从用户描述到服务标识的映射。这两部分的工作是一体化网络结构中普适服务层的主要工作。

第7章 研究贡献

服务与资源的获取是网络中最主要的两种应用，几乎所有的网络活动都离不开两者的支持。现有网络中，服务与资源没有统一的描述和处理机制，服务与资源的发现过程是在不同的系统中分开进行的。然而，服务与资源之间存在着很多潜在联系，并不是单独存在的。两套查询系统不仅带来了网络资源的浪费，也难以为用户提供多样、便利、一体的查询。

为了解决这些问题，本书提出了基于语义的服务与资源一体化发现方法，并将其应用在新一代网络即一体化网络的研究中，有效地解决了新一代网络中数据移动性、多样性、融合性等问题。本书的研究内容和创新点如下。

(1) 对互联网中服务和资源进行统一描述是服务与资源一体化发现的首要任务，是实现服务与资源一体化发现的前提和基础。本书提出了一种以本体描述为基础，将服务与资源通过属性联系起来的统一描述方法。

(2) 服务质量分等级是网络服务的重要特点之一，不同的用户对同一服务的质量有着不同的需求，表现形式为用户对服务的支付能力存在差异。为此，本书基于 OWL-S 提出了带有 QoS 的语义服务描述方式，并设计了带有 QoS 的服务匹配算法。实验结果表明，带有 QoS 信息的服务描述及匹配方式能够有效地提高服务发现的查准率，能够更为有效地满足用户需求，从而提高用户满意度。

(3) 现有的服务或资源查询系统，多是基于关键词进行匹配查询的，这种方法通常向用户返回很多不相关的结果并需要用户手动选择，无法满足用户的进一步需求。通过引入语义网技术使机器理解用于描述资源与服务的信息，能够使机器可以更精确地理解、采集和组合信息。据此，本书采用语义网相关技术来描述服务与资源，基于概念间的距离及概念的粒度提出了一种语义相似度计算方法。由于不同用户对同一服务或资源有着不同的语义描述，因此，基于关键词的匹配方法在查准率方面远远低于基于语义相似度的计算方法。依靠服务与资源一体化描述本体、带有 QoS 的服务描述与查询方法以及概念间语义相似度的计算方法，本书设计实现了基于语义的服务与资源一体化发现原型系统。基于一体化原型系统，本书进一步提出了基于语义的服务与资源一体化匹配算法，并将其集成应用在一体化发现原型系统中，实现服务与资源的统一注册和查询。

(4) 本书提出的服务与资源的一体化描述方法能够有效应用于一体化网络

研究中。该方法不但解决了现有网络中缺乏统一命名与标识机制的问题，还解决了现有网络中以主机为中心所带来的数据移动性问题。在此基础上，服务与资源一体化发现方法能够支撑实现一体化网络中的一体化搜索引擎功能。一体化搜索引擎融合了一体化发现原型系统与服务标识映射机制，建立了一体化网络中从用户描述到服务标识的映射，实现了服务与资源的统一标识、注册和查找。

参 考 文 献

[1] Berners-Lee T, Hendler J, Lassila O. The semantic web[J]. Scientific American, 2001, 284(5): 34-43.

[2] Martin D, Burstein M, Hobbs J, et al. OWL-S: Semantic markup for web services[J]. W3C Member Submission, 2004, 22(4).

[3] Napster[OL].[2017-04-20].http://us.napster.com.

[4] Gnutella protocol development[OL]. [2017-03-14].http://rfc-gnutella.sourceforge.net.

[5] Oaks S, Traversat B, Gong L. JXTA in a Nutshell[M]. Boston:O'Reilly Media, Inc., 2002.

[6] Tang C, Xu Z, Dwarkadas S. Peer-to-peer information retrieval using self-organizing semantic overlay networks[C]//Proceedings of the 2003 Conference on Applications, Technologies, Architectures, and Protocols for Computer Communications, 2003: 175-186.

[7] Dimakopoulos V V, Pitoura E. On the performance of flooding-based resource discovery[J]. IEEE Transactions on Parallel and Distributed Systems, 2006, 17(11): 1242-1252.

[8] Gregg D G, Walczak S. Exploiting the information web[J]. IEEE Transactions on Systems, Man, and Cybernetics, Part C: Applications and Reviews, 2007, 37(1): 109-125.

[9] Wang J, Sharman R, Ramesh R. Shared content management in replicated web systems: A design framework using problem decomposition, controlled simulation, and feedback learning[J]. IEEE Transactions on Systems, Man, and Cybernetics, Part C: Applications and Reviews, 2008, 38(1): 110-124.

[10] 魏琳. 信息检索技术的发展及其应用[J]. 中国科技信息, 2007, 10: 77-79.

[11] 李晓明, 刘建国. 搜索引擎技术及趋势[J]. 电脑与电信, 2008, (5): 82-84.

[12] 袁亚平. 网络信息搜索引擎的基本原理与发展趋势[J]. 武汉纺织大学学报, 2007, 20(7):43-46.

[13] 李涛, 陈鹏, 李哲. 深度 Web 资源探测系统的研究与实现[J]. 微计算机信息, 2007, (33): 185-187.

[14] 曾伟辉, 李淼. 深层网络爬虫研究综述[J]. 计算机系统应用, 2008, 17(5): 122-125.

[15] 郑冬冬, 赵朋朋, 崔志明. Deep Web 爬虫研究与设计[J]. 清华大学学报(自然科学版), 2005, 45(9):1896-1902.

[16] Bergman M K. White paper: The deep web: Surfacing hidden value[J]. Journal of Electronic Publishing, 2001, 7(1).

[17] Raghavan S, Garcia-Molina H. Crawling the hidden web[J]. VLDB, 2001, 18(2): 129-138.

[18] Lu Y, He H, Zhao H, et al. Annotating structured data of the deep web[C]//Proceedings of the 23rd IEEE International Conference on Data Engineering, 2007: 376-385.

[19] Zhang Z, He B, Chang K C C. Light-weight domain-based form assistant: Querying web databases on the fly[C]//Proceedings of the 31st International Conference on Very Large Data Bases, 2005: 97-108.

[20] 严亚兰. 面向动态网页爬行的 Crawler 架构[J]. 图书情报知识, 2003,(4): 51-53.

[21] Álvarez M, Raposo J, Pan A, et al. Deepbot: A focused crawler for accessing hidden web content[C]//Proceedings of the 3rd International Workshop on Data Engineering Issues in E-commerce and Services: In Conjunction with ACM Conference on Electronic Commerce, 2007: 18-25.

[22] Bergholz A, Childlovskii B. Crawling for domain-specific hidden web resources[C]// Proceedings of the 4th IEEE International Conference on Web Information Systems Engineering, 2003: 125-133.

[23] El-Desouky A I, Ali H A, El-ghamrawy S M. An automatic label extraction technique for domain-specific hidden web crawling (LEHW)[C]//Proceedings of International Conference on Computer Engineering and Systems, 2006: 454-459.

[24] Barbosa L, Freire J. An adaptive crawler for locating hidden-web entry points[C]//Proceedings of the 16th ACM International Conference on World Wide Web 2007: 441-450.

[25] Thompson S, Giles N, Li Y, et al. Using AI and semantic web technologies to attack process complexity in open systems[C]//International Conference on Innovative Technique and Application o Artifical Intelligence. London: Springer, 2007: 261-274.

[26] Flahive A, Taniar D, Rahayu W, et al. Ontology tailoring in the semantic grid[J]. Computer Standards & Interfaces, 2009, 31(5): 870-885.

[27] Hsu I C, Chi L P, Bor S S. A platform for transcoding heterogeneous markup documents using ontology-based metadata[J]. Journal of Network and Computer Applications, 2009, 32(3): 616-629.

[28] Kang D, Lee S, Kim K, et al. An OWL-based semantic business process monitoring framework[J]. Expert Systems with Applications, 2009, 36(4): 7576-7580.

[29] Loser A, Staab S, Tempich C. Semantic social overlay networks[J]. IEEE Journal on Selected Areas in Communications, 2007, 25(1): 5-14.

[30] 张体首, 蔡明. 语义搜索引擎概念模型[J]. 微电子学与计算机, 2007, 24(3):171-173.

[31] Gruber T R. A translation approach to portable ontology specifications[J]. Knowledge Acquisition, 1993, 5(2): 199-220.

[32] Kruse P M, Naujoks A, Rösner D, et al. Clever search: A wordnet based wrapper for internet search engines[J]. Frankfurt Am Main Peter Lang, 2005.

[33] Albanese M, Capasso P, Picariello A, et al. Information retrieval from the web: An interactive paradigm[C]//International Workshop on Multimedia Information Systems. Berlin: Springer, 2005: 17-32.

[34] Moldovan D I, Mihalcea R. Using wordnet and lexical operators to improve internet searches[J]. IEEE Internet Computing, 2000, 4(1): 34-43.

[35] Buscaldi D, Rosso P, Arnal E S. A WordNet-based query expansion method for geographical information retrieval[C]//International Conference on Cross Language Evaluation Forum, 2005.

[36] Rocha C, Schwabe D, Aragao M P. A hybrid approach for searching in the semantic web[C]//Proceedings of the 13th ACM International Conference on World Wide Web, 2004: 374-383.

[37] Zhang K, Tang J, Hong M C, et al. Weighted ontology-based search exploiting semantic similarity[C]//Asia-Pacific Web Conference. Berlin: Springer, 2006: 498-510.

[38] Anyanwu K, Sheth A. ρ-Queries: Enabling querying for semantic associations on the semantic web[C]//Proceedings of the 12th ACM International Conference on World Wide Web, 2003: 690-699.

[39] Aleman-Meza B, Halaschek C, Arpinar I B. Context-aware semantic association ranking[C]// Proceeding of the 1st International Workshop on Semantic Web and Databases, 2003: 33-50.

[40] Davies J, Weeks R. QuizRDF: Search technology for the semantic web[C]//Proceedings of the 37th IEEE Annual Hawaii International Conference on System Sciences, 2004: 8.

[41] VICODI annual report 2003[OL]. [2007-11-25]. http://www.vicodi.org/VICODI_Annual%20Report_2003. doc.

[42] Heflin J D. Towards the semantic web: Knowledge representation in a dynamic distributed environment[R]. Maryland: University of Maryland, 2001.

[43] Heflin J, Hendler J. Searching the web with SHOE[C]//AAAI-2000 Workshop on AI for Web Search, 2000: 35-40.

[44] Shah U, Finin T, Joshi A, et al. Information retrieval on the semantic web[C]//Proceedings of the 11th ACM International Conference on Information and Knowledge Management, 2002: 461-468.

[45] Mayfield J, Finin T. Information retrieval on the semantic web: Integrating inference and retrieval[C]//Proceedings of the SIGIR Workshop on the Semantic Web, 2003.

[46] Finin T, Mayfield J, Joshi A, et al. Information retrieval and the semantic web[C]// International Conference on Educational & Information Technology, 2005.

[47] Ding L, Finin T, Joshi A, et al. Swoogle: A search and metadata engine for the semantic web[C]//Proceedings of the 13th ACM International Conference on Information and Knowledge Management, 2004: 652-659.

[48] Maedche A, Motik B, Stojanovic L, et al. An infrastructure for searching, reusing and evolving distributed ontologies[C]//Proceedings of the 12th ACM International Conference on World Wide Web, 2003: 439-448.

[49] Gao M, Liu C, Chen F. An ontology search engine based on semantic analysis[C]// Proceedings of the 3rd IEEE International Conference on Information Technology and Applications, 2005, 1: 256-259.

[50] Jones M, Alani H. Content-based ontology ranking[C]//Presentation Abstracts, 2006: 93.

[51] Gibbins N, Harris S, Shadbolt N. Agent-based semantic web services[J]. Web Semantics: Science, Services and Agents on the World Wide Web, 2004, 2(1): 141-154.

[52] Fensel D, Bussler C. The web service modeling framework WSMF[J]. Electronic Commerce Research and Applications, 2002, 1(2): 113-137.

[53] Sabou M, Wroe C, Goble C, et al. Learning domain ontologies for semantic web service descriptions[J]. Web Semantics: Science, Services and Agents on the World Wide Web, 2005, 3(4): 340-365.

[54] Sabou M, Pan J. Towards semantically enhanced web service repositories[J]. Web Semantics: Science, Services and Agents on the World Wide Web, 2007, 5(2): 142-150.

[55] Fenza G, Loia V, Senatore S. A hybrid approach to semantic web services matchmaking[J]. International Journal of Approximate Reasoning, 2008, 48(3): 808-828.

[56] Aberer K, Cudré-Mauroux P, Hauswirth M. Start making sense: The chatty web approach for global semantic agreements[J]. Web Semantics: Science, Services and Agents on the World Wide Web, 2003, 1(1): 89-114.

[57] Zaha J M, Dumas M, ter Hofstede A H M, et al. Bridging global and local models of service-oriented systems[J]. IEEE Transactions on Systems, Man, and Cybernetics, Part C: Applications and Reviews, 2008, 38(3): 302-318.

[58] Smith K, Seligman L, Swarup V. Everybody share: The challenge of data-sharing systems[J]. Computer, 2008, 41(9): 54-61.

[59] Cudré-Mauroux P, Aberer K. Message passing in semantic peer-to-peer overlay networks[J].

Signal Processing Magazine, 2007, 24: 131-135.

[60] Chen G, Low C P, Yang Z. Coordinated services provision in peer-to-peer environments[J]. IEEE Transactions on Parallel and Distributed Systems, 2008, 19(4): 433-446.

[61] Doulkeridis C, Norvag K, Vazirgiannis M. DESENT: Decentralized and distributed semantic overlay generation in P2P networks[J]. IEEE Journal on Selected Areas in Communications, 2007, 25(1):25-34.

[62] Blue SIG, bluetooth specification[OL]. [2017-12-20]. https://www.bluetooth.com/specifications.

[63] Richard G G, Spencer M. Service Discovery Protocols and Programming[M]. London: McGraw-Hill, 2001.

[64] Avancha S, Joshi A, Finin T. Enhanced service discovery in bluetooth[J]. Computer, 2002, (6): 96-99.

[65] Universal plug and play device architecture[OL]. [2016-02-19]. http://upnp.org/specs/arch/UPnPDA10_20000613. pdf.

[66] Sugumaran V. Intelligent Information Technologies and Applications[M]. Hershey: IGI Global, 2008.

[67] Guttman E, Perkins C, Veizades J, et al. Service location protocol, version 2, RFC 2608[OL]. [2017-12-22]. https://www.rfc-editor.org/info/rfc2608.

[68] Huang A C, Steenkiste P. A flexible architecture for wide-area service discovery[C]//The 3rd IEEE Conference on Open Architectures and Network Programming, 2000.

[69] Apache Software Foundation. Jini architecture specification[OL]. [2017-12-20]. https://river.apache.org/release-doc/current/specs/html/jini-spec.html.

[70] Czerwinski S E, Zhao B Y, Hodes T D, et al. An architecture for a secure service discovery service[C]//Proceedings of the 5th Annual ACM/IEEE International Conference on Mobile Computing and Networking, 1999: 24-35.

[71] Kawamura T, Hasegawa T, Ohsuga A, et al. Web services lookup: A matchmaker experiment[J]. IT Professional, 2005, (2): 36-41.

[72] Li M, Yu B, Rana O, et al. Grid service discovery with rough sets[J]. IEEE Transactions on Knowledge and Data Engineering, 2008, 20(6): 851-862.

[73] Yue K, Liu W, Wang X, et al. Discovering semantic associations among web services based on the qualitative probabilistic network[J]. Expert Systems with Applications, 2009, 36(5): 9082-9094.

[74] García-Sánchez F, Valencia-García R, Martínez-Béjar R, et al. An ontology, intelligent agent-based framework for the provision of semantic web services[J]. Expert Systems with Applications, 2009, 36(2): 3167-3187.

[75] Talantikite H N, Aissani D, Boudjlida N. Semantic annotations for web services discovery and composition[J]. Computer Standards & Interfaces, 2009, 31(6): 1108-1117.

[76] Mokhtar S B, Preuveneers D, Georgantas N, et al. EASY: Efficient semantic service discovery in pervasive computing environments with QoS and context support[J]. Journal of Systems and Software, 2008, 81(5): 785-808.

[77] Domingue J, Cabral L, Galizia S, et al. IRS-III: A broker-based approach to semantic web services[J]. Web Semantics: Science, Services and Agents on the World Wide Web, 2008, 6(2): 109-132.

[78] Pahl C. Semantic model-driven architecting of service-based software systems[J]. Information and software Technology, 2007, 49(8): 838-850.

[79] Shen J, Grossmann G, Yang Y, et al. Analysis of business process integration in web service context[J]. Future Generation Computer Systems, 2007, 23(3): 283-294.

[80] Lee S, Seo W, Kang D, et al. A framework for supporting bottom-up ontology evolution for discovery and description of grid services[J]. Expert Systems with Applications, 2007, 32(2): 376-385.

[81] Da Silva P P, McGuinness D L, Fikes R. A proof markup language for semantic web services[J]. Information Systems, 2006, 31(4/5): 381-395.

[82] Vega-Gorgojo G, Bote-Lorenzo M L, Gómez-Sánchez E, et al. A semantic approach to discovering learning services in grid-based collaborative systems[J]. Future Generation Computer Systems, 2006, 22(6): 709-719.

[83] Gu T, Pung H K, Yao J K. Towards a flexible service discovery[J]. Journal of Network and Computer Applications, 2005, 28(3): 233-248.

[84] Li C, Li L. Combine concept of agent and service to build distributed object-oriented system[J]. Future Generation Computer Systems, 2003, 19(2): 161-171.

[85] Benatallah B, Hacid M S, Paik H, et al. Towards semantic-driven, flexible and scalable framework for peering and querying e-catalog communities[J]. Information Systems, 2006, 31(4/5): 266-294.

[86] UDDI technical white paper[OL]. [2017-02-19]. http://www.uddi.org/pubs/Iru_UDDI_Technical_White_Paper.pdf.

[87] Balazinska M, Balakrishnan H, Karger D. INS/Twine: A scalable peer-to-peer architecture for intentional resource discovery[C]//International Conference on Pervasive Computing. Berlin: Springer, 2002: 195-210.

[88] Lemmens R, Wytzisk A, By R, et al. Integrating semantic and syntactic descriptions to chain geographic services[J]. IEEE Internet Computing, 2006, 10(5): 42-52.

[89] Qu C, Zimmermann F, Kumpf K, et al. Semantics-enabled service discovery framework in the SIMDAT pharma grid[J]. IEEE Transactions on Information Technology in Biomedicine, 2008, 12(2): 182-190.

[90] Kopena J, Sultanik E, Naik G, et al. Service-based computing on manets: Enabling dynamic interoperability of first responders[J]. IEEE Intelligent Systems, 2005, 20(5): 17-25.

[91] Caceres C, Fernández A, Ossowski S, et al. Agent-based semantic service discovery for healthcare: An organizational approach[J]. IEEE Intelligent Systems, 2006, 21(6): 11-20.

[92] Karakoc E, Senkul P. Composing semantic web services under constraints[J]. Expert Systems with Applications, 2009, 36(8): 11021-11029.

[93] Parreira J X, Michel S, Weikum G. p2pDating: Real life inspired semantic overlay networks for web search[J]. Information Processing & Management, 2007, 43(3): 643-664.

[94] Dogac A, Laleci G B, Kirbas S, et al. Artemis: Deploying semantically enriched web services in the healthcare domain[J]. Information Systems, 2006, 31(4/5): 321-339.

[95] Kang S, Kim D, Lee Y, et al. A semantic service discovery network for large-scale ubiquitous computing environments[J]. ETRI Journal, 2007, 29(5): 545-558.

[96] Crespo A, Garcia-Molina H. Semantic overlay networks for p2p systems[C]//International Workshop on Agents and P2P Computing. Berlin: Springer, 2004: 1-13.

[97] Hodes T D, Czerwinski S E, Zhao B Y, et al. An architecture for secure wide-area service discovery[J]. Wireless Networks, 2002, 8(2/3): 213-230.

[98] Pilioura T, Kapos G D, Tsalgatidou A. Pyramid-s: A scalable infrastructure for semantic web service publication and discovery[C]//Proceedings of 14th International Workshop on Research Issues on Data Engineering: Web Services for e-Commerce and e-Government Applications, 2004: 15-22.

[99] Gu T, Pung H K, Zhang D. Information retrieval in schema-based P2P systems using one-dimensional semantic space[J]. Computer Networks, 2007, 51(16): 4543-4560.

[100] Koloniari G, Pitoura E. Filters for XML-based service discovery in pervasive computing[J]. The Computer Journal, 2004, 47(4): 461-474.

[101] Schmidt C, Parashar M. A peer-to-peer approach to web service discovery[J]. World Wide Web, 2004, 7(2): 211-229.

[102] Xu B, Chen D. Semantic web services discovery in p2p environment[C]//Proceedings of the IEEE International Conference on Parellel Processing Workshops, 2007: 60.

[103] Aktas M S, Fox G C, Pierce M. Fault tolerant high performance information services for dynamic collections of grid and web services[J]. Future Generation Computer Systems, 2007,

23(3): 317-337.

[104] Schlosser M, Sintek M, Decker S, et al. A scalable and ontology-based P2P infrastructure for semantic web services[C]//Proceedings of the 2nd IEEE Internation Conference on Peer-to-Peer Computing, 2002: 104-111.

[105] Maedche A, Staab S. Services on the move: Towards P2P-enabled semantic web services[C]//Proceedings of the International Conference on Information and Communication Technologies, 2003: 124-133.

[106] Chaiyakul S, Limapichat K, Dixit A, et al. A framework for semantic web service discovery and planning[C]//Proceedings of the IEEE Conference on Cybernetics and Intelligent Systems, 2006: 1-5.

[107] Suraci V, Mignanti S, Aiuto A. Context-aware semantic service discovery[C]//2007 16th IST Mobile and Wireless Communications Summit. IEEE, 2007: 1-5.

[108] Liang Q A, Chung J Y, Lei H. Service discovery in p2p service-oriented environments[C]//The 8th IEEE International Conference on E-Commerce Technology and the 3rd IEEE International Conference on Enterprise Computing, E-Commerce, and E-Services IEEE, 2006: 46.

[109] Chen C W, Gan P S, Yang C H. A service discovery mechanism with load balance issue in decentralized peer-to-peer network[C]//Proceedings of the 11th IEEE International Conference on Parallel and Distributed Systems, 2005, 1: 592-598.

[110] Waterhouse S, Doolin D M, Kan G, et al. Distributed search in P2P networks[J]. IEEE Internet Computing, 2002, (1): 68-72.

[111] Elenius D, Ingmarsson M. Ontology-based service discovery in P2P networks[J]. P2PKM, 2004.

[112] Zhuge H, Li X. Peer-to-peer in metric space and semantic space[J]. IEEE Transactions on Knowledge and Data Engineering, 2007, 19(6): 759-771.

[113] Zhuge H, Feng L. Distributed suffix tree overlay for peer-to-peer search[J]. IEEE Transactions on Knowledge and Data Engineering, 2008, 20(2): 276-285.

[114] Zhuge H, Sun X, Liu J, et al. A scalable P2P platform for the knowledge grid[J]. IEEE Transactions on Knowledge and Data Engineering, 2005, 17(12): 1721-1736.

[115] Lehikoinen J, Salminen I, Aaltonen A, et al. Meta-searches in peer-to-peer networks[J]. Personal and Ubiquitous Computing, 2006, 10(6): 357-367.

[116] Lindenberg J, Pasman W, Kranenborg K, et al. Improving service matching and selection in ubiquitous computing environments: A user study[J]. Personal and Ubiquitous Computing, 2006, 11(1): 59-68.

[117]Verma K, Sivashanmugam K, Sheth A, et al. METEOR-S WSDI: A scalable p2p infrastructure of registries for semantic publication and discovery of web services[J]. Information Technology and Management, 2005, 6(1): 17-39.

[118]Arabshian K, Schulzrinne H. An ontology-based hierarchical peer-to-peer global service discovery system[J]. Journal of Ubiquitous Computing and Intelligence, 2007, 1(2): 133-144.

[119]Arabshian K, Schulzrinne H. Hybrid hierarchical and peer-to-peer ontology-based global service discovery system[R]. New York: Columbia University, 2005.

[120]Ratnasamy S, Francis P, Handley M, et al. A Scalable Content-Addressable Network[M]. New York: ACM, 2001.

[121]Stoica I, Morris R, Karger D, et al. Chord: A scalable peer-to-peer lookup service for internet applications[J]. ACM SIGCOMM Computer Communication Review, 2001, 31(4): 149-160.

[122]Lv W, Yu J. Pservice: Peer-to-peer based web services discovery and matching[C]//Proceedings of the 2nd IEEE International Conference on Systems and Networks Communications, 2007: 54.

[123]Shen H T, Shu Y, Yu B. Efficient semantic-based content search in P2P network[J]. IEEE Transactions on Knowledge and Data Engineering, 2004, 16(7): 813-826.

[124]Wong S K M, Ziarko W, Raghavan V V, et al. On modeling of information retrieval concepts in vector spaces[J]. ACM Transactions on Database Systems, 1987, 12(2): 299-321.

[125]Berry M W, Drmac Z, Jessup E R. Matrices, vector spaces, and information retrieval[J]. SIAM Review, 1999, 41(2): 335-362.

[126]Ran S. A model for web services discovery with QoS[J]. ACM Sigecom Exchanges, 2003, 4(1): 1-10.

[127]Martin D L, Cheyer A J, Moran D B. The open agent architecture: A framework for building distributed software systems[J]. Applied Artificial Intelligence, 1999, 13(1/2): 91-128.

[128]Feitelson D. Teaching TCP/IP hands-on[J]. IEEE Distributed Systems Online, 2007, 8(11): 5.

[129]Delamer I M, Lastra J L M. Service-oriented architecture for distributed publish/subscribe middleware in electronics production[J]. IEEE Transactions on Industrial Informatics, 2006, 2(4): 281-294.

[130]Chakraborty D, Joshi A, Yesha Y, et al. Toward distributed service discovery in pervasive computing environments[J]. IEEE Transactions on Mobile Computing, 2006, 5(2): 97-112.

[131] Kantere V, Tsoumakos D, Sellis T. A framework for semantic grouping in P2P databases[J]. Information Systems, 2008, 33(7/8): 611-636.

[132] Kanellopoulos D N, Panagopoulos A A. Exploiting tourism destinations' knowledge in an RDF-based P2P network[J]. Journal of Network and Computer Applications, 2008, 31(2): 179-200.

[133] Gil Y. On agents and grids: Creating the fabric for a new generation of distributed intelligent systems[J]. Web Semantics: Science, Services and Agents on the World Wide Web, 2006, 4(2): 116-123.

[134] Du T C, Li F, King I. Managing knowledge on the web-extracting ontology from HTML web[J]. Decision Support Systems, 2009, 47(4): 319-331.

[135] McIlraith S A, Martin D L. Bringing semantics to web services[J]. IEEE Intelligent Systems, 2003, 18(1): 90-93.

[136] Gottschalk K. Web services architecture overview: The next stage of evolution for e-business[OL]. [2017-12-20]. http://www-106.ibm.com/developerworks/library/w-ovr.

[137] Sycara K, Paolucci M, Soudry J, et al. Dynamic discovery and coordination of agent-based semantic web services[J]. IEEE Internet Computing, 2004, (3): 66-73.

[138] McIlraith S A, Son T C, Zeng H. Semantic web services[J]. IEEE Intelligent Systems, 2001, 16(2): 46-53.

[139] Paolucci M, Kawamura T, Payne T R, et al. Semantic matching of web services capabilities[C]//International Semantic Web Conference. Berlin: Springer, 2002: 333-347.

[140] Maximilien E M, Singh M P. A framework and ontology for dynamic web services selection[J]. IEEE Internet Computing, 2004, (5): 84-93.

[141] Muntean C H. Quality of experience aware adaptive hypermedia system[D]. Dublin: Dublin City University, 2005.

[142] Recommendation I E. 800: Terms and definitions related to quality of service and network performance including dependability[J]. ITU-T, 1994.

[143] ISO. ISO/IEC 10746-2 Information technology open distributed processing-reference model: Foundations[S]. Geneva: International Standards Organisation, 1996.

[1]44] Rajagopalan B, Saadick H. A framework for QoS-based routing in the internet[J]. Internet [R]equests for Comments, RFC Editor, RFC2386, 1998.

[illegible]z-Macián A, De Vergara J E L, Pastor E, et al. A system for monitoring, assessing and [illegible]uality of service in telematic services[J]. Knowledge-Based Systems, 2008, 21(2):

[146]Jeong B, Cho H, Lee C. On the functional quality of service (FQoS) to discover and compose interoperable web services[J]. Expert Systems with Applications, 2009, 36(3): 5411-5418.

[147]Zhou C, Chia L T, Lee B S. Semantics in service discovery and QoS measurement[J]. IT Professional, 2005,(2): 29-34.

[148]Zhang Y, Huang H, Qu Y, et al. Semantic service discovery with QoS measurement in universal network[C]//International Conference on Rough Sets and Intelligent Systems Paradigms. Berlin: Springer, 2007: 707-715.

[149] Klusch M, Fries B, Khalid M, et al. OWLS-MX: Hybrid OWL-S service matchmaking[C]// Proceedings of the 1st International AAAI Fall Symposium on Agents and the Semantic Web, 2005: 142.

[150]Klusch M, Fries B, Sycara K. OWLS-MX: A hybrid semantic web service matchmaker for OWL-S services[J]. Web Semantics: Science, Services and Agents on the World Wide Web, 2009, 7(2): 121-133.

[151]Jaeger M C, Rojec-Goldmann G, Liebetruth C, et al. Ranked matching for service descriptions using OWL-S[C]//Kommunikation in Verteilten Systemen (KiVS). Berlin: Springer, 2005: 91-102.

[152]Gennari J H, Musen M A, Fergerson R W, et al. The evolution of Protégé: An environment for knowledge-based systems development[J]. International Journal of Human-Computer Studies, 2003, 58(1): 89-123.

[153]OWLS-TC: OWL-S service retrieval test collection[OL].[2017-12-20]. http://projects.semwebcentral.org/projects/owls-tc/.

[154]Gilbert A L. Using multiple scenario analysis to map the competitive futurescape: A practice-based perspective[J]. Competitive Intelligence Review: Published in Cooperation with the Society of Competitive Intelligence Professionals, 2000, 11(2): 12-19.

[155]Corcho O, Gómez-Pérez A. A roadmap to ontology specification languages[C]//International Conference on Knowledge Engineering and Knowledge Management. Berlin: Springer, 2000: 80-96.

[156]Fink A, Schlake O. Scenario management-An approach for strategic foresight[J]. Competitive Intelligence Review: Published in Cooperation with the Society of Competitive Intelligence Professionals, 2000, 11(1): 37-45.

[157]Wei Y M, Liang Q M, Fan Y, et al. A scenario analysis of energy requirements and energy intensity for China's rapidly developing society in the year 2020[J]. Technologica Forecasting and Social Change, 2006, 73(4): 405-421.

[158]Marshall N, Grady B. Travel demand modeling for regional visioning and scenario analysis[J]. Transportation Research Record, 2005, 1921(1): 44-52.

[159]DAML-ONT initial release[OL]. [2017-12-20]. http://www.daml.org/2000/10/daml-ont.html.

[160]Antoniou G, Harmelen F V. Web Ontology Language: OWL[M]//Handbook on Ontologies. Berlin: Springer, 2009.

[161]McGuinness D L, Van Harmelen F. OWL web ontology language overview[J]. W3C Recommendation, 2004: 10.

[162]Smith M K. OWL web ontology language guide[OL]. [2017-12-20]. http://www.w3.org/TR/owl-guide/.

[163]Miller G A, Beckwith R, Fellbaum C, et al. Introduction to WordNet: An on-line lexical database[J]. International Journal of Lexicography, 1990, 3(4): 235-244.

[164]Concept graph(CG)[OL]. [2017-12-20]. http://www.jfsowa.com/cg/.

[165]Yahoo website[OL]. [2017-12-20]. http://www.yahoo.com.

[166]DMOZ website[OL].[2017-12-20]. https://dmoztools.net.

[167]Li Y, Bandar Z A, McLean D. An approach for measuring semantic similarity between words using multiple information sources[J]. IEEE Transactions on Knowledge and Data Engineering, 2003, 15(4): 871-882.

[168]Ganjisaffar Y, Abolhassani H, Neshati M, et al. A similarity measure for OWL-S annotated web services[C]//Proceedings of the 2006 IEEE/WIC/ACM International Conference on Web Intelligence, 2006: 621-624.

[169]Budanitsky A, Hirst G. Evaluating wordnet-based measures of lexical semantic relatedness[J]. Computational Linguistics, 2006, 32(1): 13-47.

[170]徐德智, 郑春卉, Passi K. 基于 SUMO 的概念语义相似度研究. 计算机应用, 2006, 26(1): 180-183.

[171]吴健, 吴朝晖, 李莹, 等. 基于本体论和词汇语义相似度的 Web 服务发现[J]. 计算机学报, 2005, 28(4): 595-602.

[172]Wong A K Y, Ray P, Parameswaran N, et al. Ontology mapping for the interoperability problem in network management[J]. IEEE Journal on Selected Areas in Communications, 2005, 23(10): 2058-2068.

]Doan A H, Madhavan J, Domingos P, et al. Learning to map between ontologies on the antic web[C]//Proceedings of the 11th ACM International Conference on World Wide 02: 662-673.

Which statistics reflect semantics? Rethinking synonymy and word similarity[J]. ence: Empirical, Theoretical and Computational Perspectives, Studies in

Generative Grammar, 2005, 85: 265-284.

[175]Papadimitriou C H, Raghavan P, Tamaki H, et al. Latent semantic indexing: A probabilistic analysis[J]. Journal of Computer and System Sciences, 2000, 61(2): 217-235.

[176]Deerwester S, Dumais S T, Furnas G W, et al. Indexing by latent semantic analysis[J]. Journal of the American Society for Information Science, 1990, 41(6): 391-407.

[177]Jena semantic web framework[OL]. [2017-12-20]. http://jena.sourceforge.net/.

[178]Haarsle V, Moller R. RACER User's Guide and Reference Manual Version 1.7 [M]. Hamburg: University of Hamburg, 2004.

[179]ICPS conference scope[OL]. [2017-12-20]. URL: http://icps2005.cs.ucr.edu/.

[180]李丹，吴建平，崔勇，等. 互联网名字空间结构及其解析服务研究[J]. 软件学报，2005, 16(8): 1445-1455.

[181]International DOI foundation[OL]. [2017-12-20]. URL: http://www.doi.org/.

[182]Sollins K. Architectural principles of uniform resource name resolution[J]. RFC2276, 1998.

[183]Sollins K, Masinter L. Functional requirements for Uniform Resource Names[J]. RFC1737, 1994.

[184]Ballintijn G , Steen M V , Tanenbaum A S. Scalable human-friendly resource names[J]. IEEE Internet Computing, 2001, 5(5):20-27.

[185]Walfish M, Balakrishnan H, Shenker S. Untangling the web from DNS[C]//Proceedings of Networked System Design and Implementation, 2004, 4: 17.

[186]林闯，雷蕾. 下一代互联网体系结构研究[J]. 计算机学报, 2016, 30(5): 693-711.

[187]王浩学，汪斌强，于婧，等. 一体化承载网络体系架构研究[J]. 计算机学报，2009, 32(3): 371-376.

[188]张宏科，王博，张思东. 实现一体化网络中普适服务的方法: 20061O169729[P]. 2016-12-28.

[189]杨冬，周华春，张宏科. 基于一体化网络的普适服务研究[J]. 电子学报，2007, 35(4): 607-613.

[190]董平，秦雅娟，张宏科. 支持普适服务的一体化网络研究[J]. 电子学报，2007, 35(4): 599-606.

[191]张宏科，苏伟. 新网络体系基础研究——一体化网络与普适服务[J]. 电子学报，2007, 35(4): 593-598.

[192]杨冬. 面向资源的普适服务网络体系基础研究[D]. 北京：北京交通大学, 2009.

[193]Moskowitz R, Nikander P. Host identity protocol (HIP) architecture[OL]. [2017-12-20]. ttps://datatracker.ietf.org/doc/rfc4423/?include_text=1.

[194]Meyer D, Zhang L, Fall K. Report from the IAB workshop on routing and addressing[C

[2017-12-20]. http://www. ietf. org, Apr.

[195]Mazieres D, Kaminsky M, Kaashoek M F, et al. Separating key management from file system security[C]//ACM SIGOPS Operating Systems Review, 1999, 33(5): 124-139.

[196]Gribble S D, Welsh M, Von Behren R, et al. The Ninja architecture for robust internet-scale systems and services[J]. Computer Networks, 2001, 35(4): 473-497.

[197]Stoica I, Adkins D, Zhuang S, et al. Internet indirection infrastructure[C]//ACM SIGCOMM Computer Communication Review, 2002, 32(4): 73-86.